金属材料流变学理论及应用

孙蓟泉　尹衍军　编著

科学出版社

北京

内 容 简 介

本书是关于材料流变学及其在金属材料加工中应用的专著。全书共 7 章，主要内容包括：流变学研究内容及发展历史；物体运动与变形、应力与应变的描述；材料在变形过程中的流变学本构模型理论；合金材料在凝固过程中的流变学行为；流变学在金属材料铸造及半固态成形过程中的应用；流变学在材料塑性变形中的应用；金属材料在焊接过程、热轧过程及激光加工过程中的应用。本书内容新颖，不仅具有理论价值，而且有很好的工程应用背景。

本书可供材料科学、材料成型及控制工程、机械工程、航空航天、国防工程和工程力学等领域的科研人员参考，也可作为高等学校相关专业教师、研究生的参考书。

图书在版编目（CIP）数据

金属材料流变学理论及应用 / 孙蓟泉，尹衍军编著. —北京：科学出版社，2019.5
ISBN 978-7-03-060258-9

Ⅰ. ①金… Ⅱ. ①孙… ②尹… Ⅲ. ①金属材料-流变学-研究
Ⅳ. ①TG11

中国版本图书馆 CIP 数据核字（2018）第 296164 号

责任编辑：裴 育 陈 婕 纪四稳 / 责任校对：郭瑞芝
责任印制：吴兆东 / 封面设计：蓝 正

科学出版社 出版
北京东黄城根北街 16 号
邮政编码：100717
http://www.sciencep.com

北京凌奇印刷有限责任公司 印刷
科学出版社发行 各地新华书店经销

*

2019 年 5 月第 一 版 开本：720×1000 B5
2021 年 2 月第三次印刷 印张：10 1/2
字数：210 000

定价：90.00 元
（如有印装质量问题，我社负责调换）

序

　　金属材料是一种历史悠久、发展成熟的工程材料，由于其具有较高的强度、硬度等力学性能，优异的塑性、韧性等工艺性能，良好的导电、导热等物理性能，是工业和现代科学技术中最重要的基础材料之一。

　　近年来，受到能源、资源和环境等方面的压力以及来自非金属材料的挑战，对金属材料的生产与使用提出了更高的要求，要求金属材料制品不仅具有高品质、长寿命，而且在生产制造及使用过程的整个生命周期内都要做到节能环保。因此，一些高强度、高韧性的新型金属材料和生产这些新材料的新工艺不断涌现。随着材料强度的不断增高，材料成形难度也不断增加，特别是相变增强材料，这使得传统的金属材料成形理论出现了不足与缺陷，即传统材料的本构模型无法准确描述金属材料成形过程中金属的流动与变形关系，因此也就无法正确制定合理的成形工艺制度，从而使高强度金属材料在成形过程中出现成形精度低、性能差、金属收得率不高等问题。

　　流变学是研究物质流动与变形规律的科学，目前在材料成形领域构建本构模型方面越来越受到国内外学者的重视。流变学本构模型综合考虑了时间、温度等因素，弱化了流体与固体的界限，既适用于材料的液态成形，也适用于材料的固态成形，更适用于目前被广泛关注的金属材料增材制造(3D打印)过程中金属材料的流动、凝固与变形规律的描述。因此，材料流变学理论将高温蠕变、应力松弛和黏性、弹性、塑性流动与变形有机地结合起来，在研究金属材料成形过程方面更具普遍性和优越性，已成为国际上建立材料本构模型的发展方向与趋势。

　　《金属材料流变学理论及应用》的作者孙蓟泉教授长期从事金属材料成形与控制领域的科研与教学工作，在基础理论与应用技术开发方面都取得了颇丰的成果。作者在完成国家自然科学基金项目的基础上，对其研究成果进行总结、提升，形成了该书理论与实践相结合的特色。该书不仅丰富了流变学在构建材料本构模型方面的理论，而且广泛地论述了流变学本构模型在铸造(模铸、连铸)、半固态成形、金属塑性加工(冲压、热轧)、材料增材制造(焊接、激光熔覆)等领域的具体应用，体现了研究工作的开拓性、深入性和创新性，使该书内容更加全面、系统、厚重和富有新意。这是金属材料成形技术发展的客观需要，并为金属材料成形工艺制度的选择与制定提供了科学依据，也将促进我国金属材料成形技术的进一步发展。

王一德

中国工程院院士

2018 年 7 月

前　言

金属材料是人类社会发展的重要物质基础，是生产制造各种机器与工具的基础原材料。金属材料的性能决定着材料的适用范围及应用的合理性。而材料及成形过程中所呈现的流动与变形关系是制定材料成形工艺的重要因素。流变学是研究物质流动和变形的科学，也是研究力与力的作用效果内在联系的一门科学。其研究对象既包括流体，也包括固体。本书所论述的材料流变学主要研究各种材料在服役和成形过程中的蠕变和应力松弛现象、屈服值，以及材料的流变模型和本构方程。

流变学理论已经在化工、建材以及生物材料领域取得很大的进展，近年来在铸造、凝固和冲压等金属成形领域也有成功的应用范例。金属材料在成形过程中，通常被看成弹塑性材料，在计算材料形变时不考虑时间的影响，即认为若载荷不变，变形将保持不变。事实上，有些材料即使在载荷不变的情况下，随着时间的增长，变形也会不断增加，同样一种材料，由于受力时间不同，将呈现出不同的流变性能。对于高温下的金属热成形工艺，如铸造、焊接及激光熔覆等液态成形工艺，传统的弹塑性本构模型无法准确描述材料在液态相变过程中存在的流动与变形行为。即使是热轧、热锻等固态成形工艺，由于成形温度高，在成形过程中保持应力不变和足够高的温度，材料也会发生高温蠕变变形。由此可见，在金属成形过程中，传统的弹塑性、黏弹性理论在描述材料的本构关系上都有一定的局限性，而流变学理论引进了时间变量，并考虑了温度、热流、熵等因素的综合影响，因此流变学在描述金属成形过程中的材料本构关系更具普遍性和优越性，是研究材料流动与变形的统一本构理论的基础。本书旨在利用材料流变学理论建立能够正确反映金属材料流动与变形的统一本构模型，并对金属材料在各种成形工艺的应用进行论述。

本书共7章，由孙蓟泉、尹衍军共同编著。第1章介绍流变学的含义、发展过程及其应用领域；第2章介绍物体的运动与变形、应力与应变；第3章介绍常见的流变学模型和统一本构方程模型的构想；第4～7章分别介绍流变学理论在金属铸造、半固态成形、金属塑性加工、材料增材制造等领域的具体应用。

在本书的撰写过程中，作者得到中国工程院王一德院士，北京科技大学唐荻教授、米振莉研究员、苏岚博士的指导与支持，在此表示衷心感谢。特别是王一德院士在百忙之中为本书作序，并对书稿的内容与结构提出了很多指导性建议，作者受益匪浅，再次向王一德院士深表谢意。

本书的主要研究内容是在国家自然科学基金项目支持下完成的，对于江海涛副研究员、苏岚博士、高续涛博士、彭世广博士、李双娇硕士、牛闯硕士、藤胜阳硕士、李斌硕士、杨程大硕士、孙学中硕士、杨登翠在读博士、阚鑫锋在读博士等课题组成员在项目研究工作中做出的成绩和贡献表示感谢。

由于作者水平有限，书中难免存在不妥之处，诚恳广大读者批评指正。

目　　录

第1章 绪 论

材料是人类赖以生存的物质基础，根据材料的不同特性可将其制造成各种机器、工具为人类服务。材料在生产、制造以及使用过程中都会呈现出不同的流动与变形特性，而这些性能将直接影响材料的生产以及服役过程中的可靠性与安全性。在研究材料的特性时，往往以传统的弹性理论、塑性理论和牛顿流体等经典理论为基础，但在20世纪20年代，学者发现使用这些经典理论无法解释橡胶、塑料、油漆、玻璃、混凝土及金属等材料成形过程中复杂的流动与变形特性。Maxwell、Kelvin、Bingham等科学家发现这些材料流动与变形特性均与时间存在紧密关系，即具有时间效应，于是产生了以材料流动和变形与时间的关系为特征的流变学理论。

1.1 流变学概述及发展历史

1.1.1 流变学含义

流变学是研究物质流动和变形的科学，也是研究力与力的作用效果内在联系的科学，其研究对象既包括流体，也包括固体。

自然界中，物质是不断变化的，而这种运动的结果要经过千万年的时间才能明显观察到，虽然时间漫长但表现出流动性；液态水在极短的时间内施加力的作用可以表现出弹性体的性质。这两个现象表明，物质本身固有弹性和黏性的内在性质，因力作用的时间不同而发生相对转化。这种考虑了时间维度效应的力与变形之间的关系，是流变学要解决的问题。

所有流变现象归根结底都是力学现象，一般力学研究欧几里得(Euclid)固体，弹性力学研究胡克(Hooke)固体，流体力学则研究帕斯卡流体和牛顿流体。在传统的弹性力学中，变形关系取决于某一时刻作用的力，而与这一时刻前的加载历程无关，因此物体变形规律中不包含作为独立变数的时间。牛顿流体力学的基本假设是剪切应力与剪切速率呈线性关系。随着人类生产实践范围的扩大，人们发现当材料的载荷增大时，其变形逐渐取决于加载速度，应力越接近材料的屈服点，时间因素的作用就越明显，这说明物体的应力、应变、时间之间不是简单的函数关系。而流变学是根据应力、应变和时间来研究物质流动及变形的构成与发展一般规律的科学,其任务是用描述真实材料特性的模型把物体、构形、力系三者联系起来(包括温度、熵、自由能等量),建立包括时间因素的本构方程,以描述材料在各种复杂外界条件下的流动和变形特性。

弹性、塑性、黏性和强度是基本的流变性质,其他性质可以由这些基本性质演化得到。Reiner 等[1]认为,在特定的条件下,所有的材料都具有流变特性,即所有真实存在的物质均具有流变特性,只是程度不同。在工程材料中,流变学扮演了一个非常重要的角色,尤其是材料的蠕变特性、高温下的流变特性、长时间受载下的塑性变形等。

1.1.2 流变学发展历史

经过长期探索,人们发现一切材料都具有时间效应,于是出现了流变学。流变学在 20 世纪 30 年代后得到了蓬勃发展。1928 年,流变学的奠基人 Bingham 与希腊哲学家 Heraclitus 提出了“一切皆流”的说法。流变学形成独立科学是在 1929 年,在这一年美国首先成立了流变学学会。1932 年,荷兰皇家科学院成立黏度协会,1950 年改称为荷兰流变学学会。1940 年,英国成立流变学家俱乐部。1950 年以后,多个国家先后成立流变学学会。1985 年,中国才成立流变学学会。首届国际流变学会议于 1948 年 9 月在荷兰召开,以后每 5 年在不同成员方召开一次。流变学初期应用于胶体化学中,随后又广泛应用于聚合物、纤维、塑料、岩石、土、水泥、混凝土、沥青材料等物质中。经过多年的发展,流变学已经成为处于弹性力学、塑性力学、流体力学的前沿科学,其相关科学涉及物理学、工程学、医学、生物学、农学、药学、食品学等,是物理、化学、力学交叉产生的新的生长点。流变学研究对象已发展为聚合物流变学、生物流变学、悬浮流变学、磁流变学、矿山流变学、食品流变学、电流变学、金属流变学等。流变学应用到的数学知识有积分变换、张量计算、泛函分析、微分几何、数理逻辑、概率论等。

我国流变学研究起步较晚,在 20 世纪 60 年代才开始有学者对其进行研究。随着我国材料科学和工程技术的不断发展,人们遇到了许多非牛顿流体,从而促进了对流变学的研究。1978 年制定的全国力学学科发展规划中指出,流变学是必须重视和加强的薄弱领域。1985 年我国成立流变学专业委员会,该组织于 1988 年成为国际流变学学会会员之一。流变学从一开始就是作为一门实验基础学科发展起来的,随着实验原理、测试技术和测试设备的发展以及电子计算机的应用,流变学的研究朝着更加广泛、更加深入的方向快速发展[2]。

非牛顿流体的流变特性十分明显，如韦森堡效应、射流胀大现象、二次流、无管虹吸、剪切变稀或剪切变稠等特性，因此学者的研究工作主要集中在塑料、石油等行业。1965 年，Kelvin 最早发现金属锌具有黏性性质，其内部抗力与变形速度不成比例，此后逐步开始有学者研究金属材料流变学特性。

1.1.3 流变学研究内容

流变学是研究物质流动和变形发生与发展一般规律的科学，不区分固体和流体，一并加以研究，是一个交叉性很强的学科。流变学研究了应力、应变、时间之间的关系。物体的流变特性通常可以用四个参数来表示，它们可以是常数，也可以是非常数，这四个参数就是弹性模量、延迟时间、松弛时间、强度。这里物体的两个"固有时间"关联到两个黏性系数，即延迟时间关联到固体的黏度，松弛时间关联到液体的黏度。可以说，这些参数都是成对存在的，一类属于畸变，另一类属于体变。因此，流变学主要研究物质在服役历程中的作用，从而得到能够全面反映物体力学行为的本构方程。流变学的研究内容包括各种材料的蠕变和应力松弛现象、屈服值，以及材料的流变模型和本构方程。材料的流变性能主要表现在蠕变和应力松弛两个方面。蠕变是指材料在恒定载荷作用下变形随时间增大的过程。蠕变是由材料的分子和原子结构的重新调整引起的，这一过程可以用延迟时间来表征。当卸去载荷时，材料的变形部分恢复或完全恢复到起始状态，这就是结构重新调整的现象。材料在恒定应变下，应力随着时间的变化而减小至某个有限值，这一过程称为应力松弛，这是材料的结构重新调整的另一种现象。

蠕变和应力松弛是物质内部结构变化的外部显现。这种可观测的物理性质取决于材料分子(或原子)结构的统计特性。因此，在一定应力范围内，单个分子(或原子)的位置虽会有改变，但材料结构的统计特征可能不会变化。当作用在材料上的剪应力小于某一数值时，材料仅产生弹性形变；而当剪应力大于该数值时，材料将产生部分或完全永久变形，此数值就是这种材料的屈服值。屈服值标志着材料由完全弹性进入具有流动现象的界限值，所以又称弹性极限、屈服极限或流动极限。同一材料可能会存在几种不同的屈服值，如蠕变极限、断裂极限等，因此在对材料进行研究时一般都是先研究材料的各种屈服值。

在不同物理条件下(如温度、压力、湿度、辐射、电磁场等)，以应力、应变和时间的物理变量来定量描述材料状态的方程，称为流变状态方程或本构方程。材料的流变特性一般可用两种方法来模拟，即力学模型和物理模型。

在简单情况(单轴压缩或拉伸、单剪或纯剪)下，应力应变特性可用力学流变模型来描述。在评价蠕变或应力松弛实验结果时，利用力学流变模型有助于了解材料的流变性能。这种模型已用了几十年，它们比较简单，可用来预测在任意应力历史和温度变化下的材料变形。

力学模型的流变模型没有考虑材料的内部物理特性，如分子运动、位错运动、裂纹扩张等。当前对材料质量的要求越来越高，如高强度超韧性的金属、高强度耐高温的陶瓷、高强度聚合物等，对它们的研究就必须考虑材料的内部物理特性，因此发展出高温蠕变理论。高温蠕变理论通过考虑固体晶体内部和晶粒颗粒边界存在的缺陷对材料流变性能的影响，表达材料内部结构的物理常数，即材料的物理流变模型。它适用于具有复杂结构的物质，包括泥浆、污泥、悬浮液、聚合物、食品、体液和其他生物材料。这些物质的流动在固定温度下不能用单一黏度值来表征，有些因素也会影响它们的黏度。例如，摇动番茄酱可以减小其黏度，但是水却不行。自从牛顿提出黏度的概念以来，对黏度可变的液体的研究也称为非牛顿流体力学。

1.2 流变学在金属材料加工中的应用

1.2.1 流变学在铸造加工中的应用

在铸造生产过程中，很多工艺过程都与物体的流动变形有关，因此有很多问题与流变学的研究内容有密切联系。在制造砂型时，砂的紧实程度、砂粒的表面性能、砂粒的大小、加压的速度和压力大小等都会对砂粒的流动变形特性产生影响；制造砂型时的涂料和制造熔模壳时用的涂料，它们的流动变形性能也与铸型的工作质量有密切关系。除此之外，铸造用合金在浇铸过程及随后的凝固冷却过程，都伴随着多种流动变形现象。

铸造合金在进入铸型以后，随着自身温度的下降，由液态转变为固态(固态质点少，由液态合金包围)、固液态(固态骨架之间有液态合金)、全固态。在整个过程中会出现补缩、偏析、冷隔、热裂、冷裂、应力产生等现象，这些现象的产生都不能离开金属本身的流动和变形[3]。在整个液固态转变过程中，各种状态的合金流动变形状态不能简单地视为刚体、理想液体、黏性体、弹性体或塑性体，铸造生产中常见的流变模型有 Kelvin 体、Maxwell 体、Bingham 体和 Prandtl 体等。不同的铸造过程选用不同的流变模型，例如：铸造中常用的黏土团就具有 Kelvin 体的黏弹性特征；高温的固态金属、聚合物的熔体在焙烧中内部出现的玻璃相的熔模型壳，均具有 Maxwell 流变性能。因此，流变学就是按照金属的实际流动变形性能，把黏性、弹性和塑性结合起来研究物体的流动变形性能。

1.2.2 流变学在半固态金属加工中的应用

固液混合态金属是将固态金属颗粒混合在液态金属中，这种状态下的固液混合金属具有在剪切应力下"剪切变稀"的特点，显现出"触变"特性。因此，根据这个特点，可以在相对较低的温度和流动应力下精确成形复杂制件。这一过程离不开流变学的指导，将这一成果系统化、理论化即成为半固态流变学。许多实验证明，半固态金属液体属于非牛顿流体，在非牛顿流体中会出现悬浮各种粒子的二相悬浮系，非牛顿流体不同于牛顿流体主要是因为：各向异性的颗粒在取向中的变化；一定条件下，颗粒从流体系统外侧开始移动。半固态金属液体的稳态黏度系数不再是常数，而是随着固相体积分数的增加而增加，并随着剪切速率增加而减小。影响半固态金属流变特性的主要因素有固相体积分数、剪切速率、合金成分、流变制度等。因此，应用固液态金属的特点以及影响半固态金属流变成形的主要因素逐步形成了半固态金属末端成形、半固态金属压铸成形以及半固态金属注射成形等工艺。目前，人们对半固态金属流变学研究相对较多，对枝晶固液态流变学研究较少。

1.2.3 流变学在塑性加工中的应用

对塑性加工流变学的研究，从利用材料塑性对材料进行加工时就已经开始了。一些学者曾把"塑性变形"与"塑性流动"相提并论。但"塑性变形"是物质流动的结果，物质流动是一个复杂的物理-化学过程，它是由于应力状态的作用，物体内部各相之间相内部的物质发生相互作用，这些化合物可能是物质包含的，也可能是后生的，甚至有可能发生组织转变。

在金属材料成形过程中，人们发现：当载荷逐渐增大时，固体材料的变形逐渐取决于加载速度；应力越接近材料屈服点，时间因素的作用越明显。物体的应力、应变、时间之间不是简单的函数关系，因而流变系数一般是应力与应变不变量及其时间导数的函数。当物体所受载荷较小时，变形处于弹性，变形极小时符合胡克定律，为弹性状态。一旦全截面均发生屈服，即进入塑性状态，无限制的塑性流动便成为可能。在塑性阶段，应变状态不但与应力状态有关，而且依赖于整个应力历史，即与时间有关，流变学认为整个过程具有"记忆",从而也就不一定要求几何变形线性化,即不一定限制物体的变形属于小变形。

在大多数情况下,塑性加工过程是一个时间极短的过程,时间因素并不突出,往往被人们忽视。但塑性流动依时性的研究在相关的文献中也有提及[4]。随着超塑性、等温锻造、蠕变等流动过程研究的不断深入,时间因素就突显出来。实际上任何一个成形工艺都是一个过程,只要涉及过程就会有时间因素,研究此刻与前一刻状态的差异,即物质流动的结果。如果时间是流动的函数,那么变形就应该是时间的函数。一般情况下,人们对流动的关注主要集中在外摩擦对塑性、变形抗力的影响上。因此,从流动的观点来研究塑性变形过程,建立一个系统的塑性加工流变学来指导塑性加工的各种成形过程特别是时间因素较为突出的过程就显得十分必要。

1.2.4 流变学在其他金属材料加工中的应用

流变学在具有形变诱导相变的钢中,在金属温成形、热成形、金属焊接以及金属材料增材制造中都十分具有应用前景。

形变诱导塑性钢(TRIP 钢)的微观组织是复相组织,它的本构关系既有双相钢的软相、硬相特点,又有残余奥氏体向马氏体转变而发生的体积膨胀、诱导塑性行为。另外,TRIP 钢的加工硬化率、应变硬化指数随着残余奥氏体的体积分数和马氏体的体积分数变化而变化,而马氏体的体积分数还受马氏体相变速度的影响,TRIP 钢的加工硬化现象与传统方式定义的硬化率、应变硬化指数有本质不同,传统的加工硬化方程无法正确描述 TRIP 钢的加工硬化现象。TRIP 钢在成形过程中的本构关系与温度、应变增量有关,即残余奥氏体向马氏体转变而诱导塑性行为,而残余奥氏体向马氏体转变是由相变点 M_d 的温度决定的,应变增量是应变对时间的变化率,特别是剪切应变起主要作用。TRIP 钢在塑性变形过程中的本构关系与温度、时间和应力状态有关,这样的本构关系就与流变学特性相符合。在流变学本构模型中可以用两个弹性体元件的并联以及一个塑性体元件的串联,并通过各个元件参数的变化来描述。而 TRIP 钢的相变诱导塑性,不仅体现了弹性和塑性,而且具有一定的黏性行为[5]。TRIP 钢板料在模具中的塑性变形过程,是在预知应变或应变率的情况下求解流变应力的变化,这与流变学本构模型中的应力松弛模型相近。回弹行为是加工过程中由于变形或金属流动的不均匀性而形成的残余应力在卸载后释放所产生的变形,而伴随着马氏体相变的 TRIP 钢的回弹行为则表现的是一种金属的滞弹性行为特性,可用流变模型中的 Kelvin 模型来描述，其特性与流变学本构模型中的蠕变特性相符。

　　金属在加热过程中的流动特性会逐渐明显。热成形是指金属在再结晶温度以上完成成形的工艺，金属在成形过程中可以得到大应变而不产生应变硬化。热成形的流动模型一般如图 1-1 所示，为 Prandtl 流动模型，它由一个弹性元件(H)和一个摩擦件(STV)串联而成，为弹塑性体。Prandtl 体具有弹性变形的极限，即 $\gamma_s = \tau_s / G$，也就是开始塑性变形时的应变量。当进行一定塑性变形后，撤去应力，塑性变形不能消失，而串联的胡克变形是可逆的。热成形所涉及的加工方法均有确定的流变模型，并能产生蠕变。

　　温成形是指在低于热成形、高于冷成形的温度下进行的金属成形，即成形温度低于金属再结晶温度，金属加工过程中还存在加工硬化现象。温成形的流变模型可以用具有加工硬化作用的黏塑性模型表示，如图 1-2 所示。

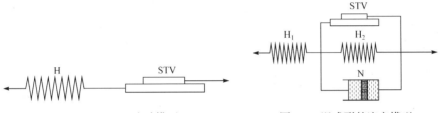

图 1-1　Prandtl 流动模型　　　　　图 1-2　温成形的流变模型

　　金属材料 3D 打印技术是增材制造中最前沿并且存在困难最多的一种技术。因为金属的熔点较高，在成形过程中会发生固液态的转变，而且热传导、热膨胀和表面扩散的复杂性使粉末熔化区、凝固过渡区和热影响区产生极其不均匀的温度场，从而导致热应力的产生，使熔池中的固液分离速度加快，形成凝固裂纹。同时，金属在冷却过程中还会发生固态相变，产生组织应力。这些应力的表现形式、分布规律在很大程度上取决于材料的流动与变形行为，而流变行为取决于外界所施加的载荷(包括温度载荷)和约束状况，即事物的外因，但同时与事物的本构关系相关，即事物的内因。目前，关于温度场及相变规律的研究已经趋向成熟，但材料的本构关系研究进展很慢，一般还是采用传统的弹塑性力学中的胡克定律、米泽斯(Mises)屈服准则等，但无法反映材料在高温下既有液体流动、固体变形，又有液-固相变和固-固相变的特性。目前还未见到比较合理的金属材料激光快速成形过程中的本构模型，因此影响激光成形过程中的流动、变形与应力计算的准确性，不能合理地阐明熔覆层裂纹产生和开裂的机理。但流变学理论可以将整个成形过程视为一个整体从而建立一个统一的本构模型，该本构模型既可以客观地阐明液相区的金属流动、二相区的凝固和固相区的变形及应力行为，又能够兼顾凝固(液态相变)和组织演变(固态相变)引起的能量传输现象；再将粉末熔化区的液相、二相凝固区、固相热影响区视为一体，建立整体区域的数学模型，从而揭示残余应力的表现形式和演化规律、裂纹萌生与开裂机理。

自然辩证法指出，自然界最高的统一形式是数学，而建立本构方程是流变学的中心任务。多年以来，在应力空间、应变空间以及屈服准则的基础上，人们对材料塑性本构关系的描述进行了许多有益的探索，发展了塑性力学的基本定理和求解方法，形成了经典的弹塑性强度理论，但这种塑性本构方程主要关注的是材料在静力作用下的力学特点，并没有考虑材料的应变率效应和应变率历史过程。然而，流变学一般是应力与应变的不变量及时间导数的函数，如果说非牛顿流体力学是根据已知的本构方程研究其流动规律，那么流变学则是研究物质的应力与应变的速率及其他流动量与时间的关系，从而建立本构方程或流变状态方程，是一种统一场理论。因此，应用基于流变学理论构建的本构关系描述具有"黏性"过程的变形更加准确。

第 2 章　运动与变形、应力与应变描述

2.1　物体的运动

实际粒子结构的物质原型为，在运动(包括变形)前的一个粒子总对应着运动后的一个粒子，反之亦然，即运动前后的粒子间是一一对应的。但由于物质粒子不是充满并占有整个空间 V，即 V 内并不是每个点都被粒子所占据。如空间 V 内 P 点存在粒子 M，另一点 Q 处没有粒子，那么运动后物质占有的空间从 V 变到了 V_0，这时相应的有 P 变为 $\bar{P}$，Q 变为 $\bar{Q}$，而 $\bar{P}$ 处不一定有粒子占据，$\bar{Q}$ 处也不一定没有粒子，粒子 M 也可能到了空间 V 中 $\bar{P}$ 和 $\bar{Q}$ 之外的某一点。因此，无法建立空间 V 与 V_0 内物质粒子在运动前后的对应联系。尽管空间内的物质可能发生了伸缩、变形，但物质中粒子在运动前后之间还是单值连续的，可以运用连续函数表示。

一连续体在欧氏空间中所占的区域为 Ω_0，通常假定初始状态为未变形状态，成为该连续体的初始构形(initial configuration)或未变形构形。当经过一段时间到当前时刻，由于外界或内部因素使该连续体发生了变形，并在空间中产生了运动，其在空间中所占的区域变为 Ω，此时空间域 Ω 称为该连续体的当前构形(current configuration)或变形构形。连续体发生运动的过程中存在无数个中间构形，当要建立这一过程中连续体各质点的质量、动量以及能量等物理量的守恒定律时，需要选择或定义一个构形，连续体的各方程均参考它建立，该构形称为参考构形(referential configuration)。在固体力学中，通常选取连续体的初始构形为参考构形。

应着重指出，该连续体由 Ω_0 经无数中间构形变化到 Ω，是同时发生的变形和运动(刚体平动和刚体转动)共同作用的结果，由于刚体平动并不改变应力或应变张量的空间表示，所以这里特别关注的运动主要是刚体转动。变形和刚体转动的本质区别是变形会导致局部物质点应力与应变状态的改变，而刚体转动则不会，它只会造成定义域局部物质点的原有应变和应力张量的空间旋转，并导致它们的空间发生改变。

2.2 变形与运动的空间与物质描述

物体 B 是物质粒子的连续集合,构成物体 B 的每一个粒子都可用一个标记 X 来表示,而在一个特定的时刻,每个粒子 X 在空间中都有一个位置 x。对物体粒子 X 一个比较简单的规定是把粒子在任选的一个参考构形(通常选初始构形)中的位置 $\tilde{x}$ 选作 X。因此,位置 x 与构形中粒子的位置 $\tilde{x}$ 一一对应的映射和函数关系可表示为

$$x = x(\tilde{x}, t) \tag{2-1}$$

描述粒子在参考构形中的位置 $\tilde{x}$ 和在构形中的位置 x 需要一定的坐标系,$\tilde{x}$ 的坐标系和 x 的坐标系都可以任意选取。描述物质点 $\tilde{x}$ 的坐标系称为物质坐标系或拉格朗日(Lagrangian)坐标系,描述粒子空间位置 x 的坐标系称为空间坐标系或欧拉(Eulerian)坐标系。

一个连续体由一个时刻运动到下一个时刻,跟踪同一个物质点 $\tilde{x}$ 不同时刻在空间的不同位置 x,此时 $\tilde{x}$、x 为独立变量,函数 $x(\tilde{x}, t)$ 描述了物质点 $\tilde{x}$ 的运动轨迹,而 $\dot{x}$ 或 $\mathrm{d}x/\mathrm{d}t$ 是 $x(\tilde{x}, t)$ 的物质导数或随体导数,对连续体运动和变形的这种描述称为物质描述(material description)或 Lagrangian 描述。当观察空间某一固定位置 x 处不同时刻被哪个物质点 $\tilde{x}$ 所占有,此时 x、t 为独立变量,函数 $\tilde{x}(x, t)$ 则描述了同一空间位置在不同时刻被哪些物质点 $\tilde{x}$ 所占有。相当于 x 的逆函数 x^{-1},可以用 x 表示 $\tilde{x}$:

$$\tilde{x} = x^{-1}(x, t) \tag{2-2}$$

代入式(2-1)并对其求导,则有

$$\dot{x} = \dot{x}(x^{-1}(x, t), t) = \dot{x}(x, t) \tag{2-3}$$

对连续体运动和变形的这种描述称为空间描述(spatial description)或 Eulerian 描述。

函数相对于时间的物质导数是以物质描述的函数 $f(\tilde{x}, t)$ 在固定物质粒子 $\tilde{x}$ 对时间的导数,记为

$$\dot{f} = \frac{\mathrm{d}f}{\mathrm{d}t} = \left.\frac{\mathrm{d}f(\tilde{x}, t)}{\mathrm{d}t}\right|_x \tag{2-4}$$

而函数对于时间的空间导数是一空间描述的函数 $f(x, t)$ 在固定空间位置 x 情况下的导数,记为

$$\frac{\partial f}{\partial t} = \frac{\partial f(x,t)}{\partial t}\bigg|_{x} \tag{2-5}$$

由于 x 为 $\tilde{x}$、t 的函数，所以用微分法则可得两种导数之间的关系：

$$\frac{\mathrm{d}f}{\mathrm{d}t} = \frac{\partial f(\tilde{x},t)}{\partial t}\bigg|_{x} = \frac{\partial f(x,t)}{\partial t}\bigg|_{x} + \frac{\partial f(x,t)}{\partial x}\bigg|_{t} \cdot \frac{\mathrm{d}x}{\mathrm{d}t} = \frac{\partial f}{\partial t} + \frac{\partial f}{\partial x} \cdot v \tag{2-6}$$

2.3　应　力　分　析

应力分析在于求变形体内的应力分布，即求变形体内各点的应力状态及其随坐标位置的变化，这是正确分析物体受力状态的重要基础。

在外力作用下，物体内部各质点之间就会产生相互作用的力，称为内力，单位面积上的内力称为应力。图 2-1 表示一物体受外力系 P_1、P_2、$\cdots$的作用而处于平衡状态。设 Q 为物体内任意一点，过 Q 点作一法线为 N 的截面 C-C，面积为 A。此截面将该物体分为两部分，并移除上半部分。截面 C-C 可以看成物体下半部分的外表面，作用在截面 C-C 上的内力就变成外力，并与作用在下半部分的外力保持平衡。这样，内力问题就可以转化为外力问题来处理。

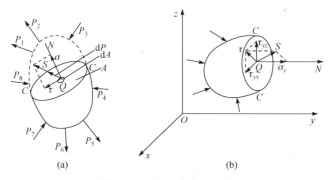

图 2-1　面力、内力和应力

在截面 C-C 上围绕 Q 点切取一很小的面积 ΔA，设该面积上内力的合力为 ΔP，则定义

$$S = \lim_{\Delta F \to 0} \frac{\Delta P}{\Delta A} = \frac{\mathrm{d}P}{\mathrm{d}A} \tag{2-7}$$

为截面 C-C 上 Q 点的全应力。全应力可以分解成两个分量，一个垂直于截面 C-C，即截面 C-C 外法线 N 上的分量，称为正应力，一般用 σ 表示；另一个

平行于截面 $C\text{-}C$，称为切应力，用 τ 表示，有

$$S^2 = \sigma^2 + \tau^2 \tag{2-8}$$

2.3.1 一点的应力状态

物体变形时的应力状态是表示物体内所承受应力的情况。只有了解变形体内任意一点的应力状态，才能推断出整个变形体的应力状态。点的应力状态是指受力物体内一点任意方位微分面上所受的应力。

如图 2-2 所示，已知过 O 点三个互相垂直坐标微分面上的九个应力分量，设过 O 点任意方位的斜微分面 ABC 与三个坐标轴相交于 A、B、C 三点。这样，过 O 点的四个微分面组成一个微小四面体 $OABC$。设斜微分面 ABC 的外法线为 N，其方向余弦为 l、m、n，即 $l = \cos(N, x), m = \cos(N, y), n = \cos(N, z)$，若斜微分面的面积为 $\mathrm{d}A$，微分面 OBC(即 x 面)、OCA(即 y 面)、OAB(即 z 面)的面积分别为 $\mathrm{d}A_x$、$\mathrm{d}A_y$、$\mathrm{d}A_z$，则 $\mathrm{d}A_x = l\mathrm{d}A, \mathrm{d}A_y = m\mathrm{d}A, \mathrm{d}A_z = n\mathrm{d}A$。

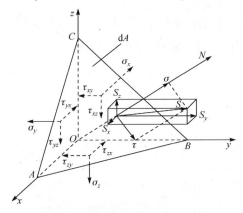

图 2-2　任意斜微分面上的应力

假设斜微分面 ABC 上的全应力为 S，它在三个坐标轴方向上的分量为 S_x、S_y、S_z。由于四面体无限小，可以认为在四个微分面上的应力分量是均布的，并在四面体上处于应力平衡状态，有静力平衡条件 $\sum P_x = 0$，且

$$S_x\mathrm{d}A - \sigma_x\mathrm{d}A_x - \tau_{yx}\mathrm{d}A_y - \tau_{zx}\mathrm{d}A_z = 0 \tag{2-9}$$

同理可得

$$\begin{cases} S_x = \sigma_x l + \tau_{yz} m + \tau_{zx} n \\ S_y = \tau_{xy} l + \sigma_y m + \tau_{zy} n \\ S_z = \tau_{xz} l + \tau_{yz} m + \sigma_z n \end{cases} \tag{2-10}$$

于是可求得全应力为

$$S^2 = S_x^2 + S_y^2 + S_z^2 \tag{2-11}$$

全应力 S 在法线 N 上的投影就是斜微分面上的正应力 σ，它等于 S_x、S_y、S_z 在 N 上的投影之和，即

$$\sigma = S_x l + S_y m + S_z n$$
$$= \sigma_x l^2 + \sigma_y m^2 + \sigma_z n^2 + 2(\tau_{xy} lm + \tau_{yz} mn + \tau_{zx} nl) \tag{2-12}$$

斜微分面上的切应力为

$$\tau^2 = S^2 - \sigma^2 \tag{2-13}$$

因此，可以用过受力物体内一点互相正交的三个微分面上的九个应力分量来表示该点的应力状态。由于切应力互等，所以一点的应力状态取决于六个独立的应力分量。一点的应力状态的表达方法除了用式(2-12)、式(2-13)表达外，还有张量表达(应力张量)、几何表达(应力莫尔圆)。

2.3.2 应力张量

在一定的外力条件下，受力物体内任意点的应力状态已确定，如果取不同的坐标系，则该点的应力状态的九个分量将有不同的数值，但该点的应力状态并没有变化。因此，在不同坐标系，应力分量之间存在一定的关系。

现设受力物体内一点的应力状态在 $x_i(i=x,y,z)$ 坐标系中的九个应力分量为 $\sigma_{ij}(i,j=x,y,z)$，当 x_i 坐标系转换到另一个坐标系 $x_k(k=x',y',z')$ 时，其应力分量为 $\sigma_{kr}(k,r=x',y',z')$，$\sigma_{ij}$ 与 σ_{kr} 之间的关系符合数学上张量的定义。因此，表示点应力状态的九个应力分量构成一个二阶张量，称为应力张量，可用张量符号 σ 表示，即

$$\sigma = [\sigma_{ij}] = \begin{bmatrix} \sigma_x & \tau_{xy} & \tau_{xz} \\ \tau_{yx} & \sigma_y & \tau_{yz} \\ \tau_{zx} & \tau_{zy} & \sigma_z \end{bmatrix} \tag{2-14a}$$

由于切应力互等，所以应力张量是二阶对称张量，可以简写为

$$\sigma = [\sigma_{ij}] = \begin{bmatrix} \sigma_x & \tau_{xy} & \tau_{xz} \\ & \sigma_y & \tau_{yz} \\ & & \sigma_z \end{bmatrix} \tag{2-14b}$$

每一个分量称为应力张量分量。

2.3.3　主应力、应力张量不变量以及其他特征应力

1. 主应力

由式(2-12)和式(2-13)可知，如果表示一点应力状态的九个应力分量已知，则过该点的斜微分面上的正应力σ和切应力τ都将随外法线N的方向余弦l、m、n的变化而变化。当l、m、n在某一组合情况下，斜微分面上的全应力S和正应力σ重合，而切应力$\tau = 0$，这种切应力为零的微分面成为主平面。主平面上的正应力称为主应力，主平面上的法线方向称为主应力方向或应力主轴。

设图 2-3 中的斜微分面ABC是待求的主平面，面上的切应力$\tau = 0$，因此正应力就是全应力，即$\sigma = S$。于是，全应力S在三个坐标轴上的投影为

$$\begin{cases} S_x = Sl = \sigma l \\ S_y = Sm = \sigma m \\ S_z = Sn = \sigma n \end{cases} \tag{2-15}$$

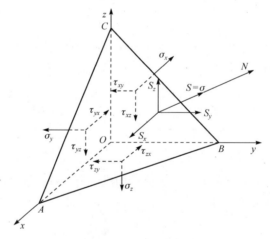

图 2-3　主平面上的应力

将S_x、S_y、S_z的值代入式(2-10)，整理后得

$$\begin{cases} (\sigma_x - \sigma)l + \tau_{yx}m + \tau_{zx}n = 0 \\ \tau_{xy}l + (\sigma_y - \sigma)m + \tau_{zy}n = 0 \\ \tau_{xz}l + \tau_{yz}m + (\sigma_z - \sigma)n = 0 \end{cases} \tag{2-16}$$

式(2-16)是以l、m、n为未知数的齐次线性方程组，其解就是主应力方向。此方程的一组解是$l = m = n = 0$。由解析几何可知，方向余弦之间满足

$l^2 + m^2 + n^2 = 1$ 的关系，即 l、m、n 不能同时为零。根据线性方程组理论，只有在齐次线性方程组(2-16)系数组成的行列式等于零的条件下，该方程组有非零解，即

$$\begin{vmatrix} \sigma_x - \sigma & \tau_{yx} & \tau_{zx} \\ \tau_{xy} & \sigma_y - \sigma & \tau_{zy} \\ \tau_{xz} & \tau_{yz} & \sigma_z - \sigma \end{vmatrix} = 0$$

展开行列式，整理后得

$$\sigma^3 - (\sigma_x + \sigma_y + \sigma_z)\sigma^2 + [\sigma_x\sigma_y + \sigma_y\sigma_z + \sigma_z\sigma_x - (\tau_{xy}^2 + \tau_{yz}^2 + \tau_{zx}^2)]\sigma$$
$$-[\sigma_x\sigma_y\sigma_z + 2\tau_{xy}\tau_{yz}\tau_{zx} - (\sigma_x\tau_{yz}^2 + \sigma_y\tau_{zx}^2 + \sigma_z\tau_{xy}^2)] = 0$$

设

$$\begin{cases} J_1 = \sigma_x + \sigma_y + \sigma_z \\ J_2 = -(\sigma_x\sigma_y + \sigma_y\sigma_z + \sigma_z\sigma_x) + \tau_{xy}^2 + \tau_{yz}^2 + \tau_{zx}^2 \\ J_3 = \sigma_x\sigma_y\sigma_z + 2\tau_{xy}\tau_{yz}\tau_{zx} - (\sigma_x\tau_{yz}^2 + \sigma_y\tau_{zx}^2 + \sigma_z\tau_{xy}^2) \end{cases} \tag{2-17}$$

于是有

$$\sigma^3 - J_1\sigma^2 - J_2\sigma - J_3 = 0 \tag{2-18}$$

式(2-18)为应力状态特征方程。可以证明，该方程必然有三个实根，也就是三个主应力，一般用 σ_1、σ_2、σ_3 表示。根据应力状态特征方程可解得一点的主应力大小。在推导应力状态特征方程的过程中，坐标系是任意选取的，说明求得的三个主应力的大小与坐标系的选择无关，这说明对于一个确定的应力状态，主应力只能有一组值，即主应力有单值性。因此，应力状态特征方程中的系数 J_1、J_2、J_3 也应该是单值的，不随坐标而改变。于是可知，尽管应力张量的各分量随坐标而变，但按式(2-17)的形式组成的函数值是不变的，所以将 J_1、J_2、J_3 分别称为应力张量的第一不变量、第二不变量、第三不变量。

2. 应力球张量和应力偏张量

一个物体受力作用后就要发生变形，变形可以分为两部分：体积的改变和形状的改变。单位体积的改变为

$$\theta = \frac{1 - 2\nu}{E}(\sigma_1 + \sigma_2 + \sigma_3) \tag{2-19}$$

式中，ν 为材料的泊松比；E 为材料的弹性模量。

设 σ_m 为三个正应力分量的平均值，称为平均应力或静水压力，即

$$\sigma_m = \frac{1}{3}(\sigma_1 + \sigma_2 + \sigma_3) = \frac{1}{3}(\sigma_x + \sigma_y + \sigma_z) = \frac{1}{3}J_1 \tag{2-20}$$

由式(2-20)可知，σ_m 是不变量，与所取的坐标无关，即对于一个确定的应力状态，它为单值，说明受力物体体积的改变与平均应力有关。

于是，可将三个正应力分量写为

$$\begin{cases} \sigma_x = (\sigma_x - \sigma_m) + \sigma_m = \sigma'_x + \sigma_m \\ \sigma_y = (\sigma_y - \sigma_m) + \sigma_m = \sigma'_y + \sigma_m \\ \sigma_z = (\sigma_z - \sigma_m) + \sigma_m = \sigma'_z + \sigma_m \end{cases}$$

根据张量可叠加和分解的基本性质，将上式代入应力张量表达式(2-14)，即可将应力张量分解成两个张量，即有

$$[\sigma_{ij}] = \begin{bmatrix} \sigma_x & \tau_{xy} & \tau_{xz} \\ \tau_{yx} & \sigma_y & \tau_{yz} \\ \tau_{zx} & \tau_{zy} & \sigma_z \end{bmatrix} = \begin{bmatrix} \sigma_x - \sigma_m & \tau_{xy} & \tau_{xz} \\ \tau_{yx} & \sigma_y - \sigma_m & \tau_{yz} \\ \tau_{zx} & \tau_{zy} & \sigma_z - \sigma_m \end{bmatrix} + \begin{bmatrix} \sigma_m & 0 & 0 \\ 0 & \sigma_m & 0 \\ 0 & 0 & \sigma_m \end{bmatrix}$$

$$= [\sigma'_{ij}] + [\delta_{ij}\sigma_m] \tag{2-21}$$

式中，δ_{ij} 为克罗内克符号(Kronecker symbol)，也称为单位张量，当 $i = j$ 时，$\delta_{ij} = 1$；当 $i \neq j$ 时，$\delta_{ij} = 0$。

式(2-21)中 $\delta_{ij}\sigma_m$ 表示球应力状态，也称为静水压力状态、应力球张量，其任何方向都是主方向，且主应力相同，均为平均应力 σ_m。球应力状态在任何斜微分面上都没有切应力，而从塑性变形机理可知，无论是滑移还是孪生或晶界滑移，都主要与切应力有关，所以应力球张量不能使物体产生形状变化，只能使物体产生体积变化。

式(2-21)中的 σ'_{ij} 称为应力偏张量，它是由原应力张量分解出球张量后得到的，即

$$\sigma'_{ij} = \sigma_{ij} - \delta_{ij}\sigma_m \tag{2-22}$$

由于被分解出的应力球张量没有切应力，任意方向都是主方向且主应力相等，应力偏张量 σ'_{ij} 的切应力分量、主切应力、最大切应力以及应力主轴等都与原应力张量相同。因此，应力偏张量只能使物体产生形状变化，而不能使物体产生体积变化，即材料的塑性变形是由应力偏张量引起的。

3. 最大切应力

如果以主轴方向为坐标轴方向，如图 2-4 所示，则此任意斜微分面上的全应力 S 为

$$S^2 = (\sigma_1 l)^2 + (\sigma_2 m)^2 + (\sigma_3 n)^2 \tag{2-23}$$

该面上的正应力为

$$\sigma = \sigma_1 l^2 + \sigma_2 m^2 + \sigma_3 n^2 \tag{2-24}$$

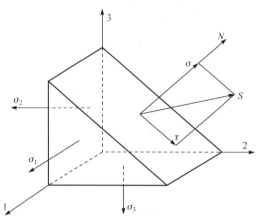

图 2-4 主切应力平面

因此，根据式(2-13)可以得到该微分面上的切应力为

$$\tau^2 = (\sigma_1 l)^2 + (\sigma_2 m)^2 + (\sigma_3 n)^2 - (\sigma_1 l^2 + \sigma_2 m^2 + \sigma_3 n^2)^2 \tag{2-25}$$

根据关系式 $n^2 = 1 - l^2 - m^2$，并将其代入式(2-25)，消去 n，可得

$$\tau^2 = (\sigma_1^2 - \sigma_3^2)l^2 + (\sigma_2^2 - \sigma_3^2)m^2 + \sigma_3 - [(\sigma_1 - \sigma_3)l^2 + (\sigma_2 - \sigma_3)m^2 + \sigma_3]^2 \tag{2-26}$$

式(2-26)中的 τ 是 l 和 m 的函数，其极值条件为

$$\frac{\partial \tau^2}{\partial l} = 0, \quad \frac{\partial \tau^2}{\partial m} = 0 \tag{2-27}$$

于是得到下列方程组：

$$\begin{cases} l(\sigma_1 - \sigma_3)\left[(\sigma_1 - \sigma_3)l^2 + (\sigma_2 - \sigma_3)m^2 - \dfrac{1}{2}(\sigma_1 - \sigma_3)\right] = 0 \\[2mm] m(\sigma_2 - \sigma_3)\left[(\sigma_1 - \sigma_3)l^2 + (\sigma_2 - \sigma_3)m^2 - \dfrac{1}{2}(\sigma_2 - \sigma_3)\right] = 0 \end{cases}$$

此方程组的六组可能解答及其相应的切应力和正应力如表 2-1 所示。

表 2-1　主平面、主切应力平面及其面上的正应力和切应力

l	0	0	± 1	0	$\pm \dfrac{1}{\sqrt{2}}$	$\pm \dfrac{1}{\sqrt{2}}$
m	0	± 1	0	$\pm \dfrac{1}{\sqrt{2}}$	0	$\pm \dfrac{1}{\sqrt{2}}$
n	± 1	0	0	$\pm \dfrac{1}{\sqrt{2}}$	$\pm \dfrac{1}{\sqrt{2}}$	0
切应力	0	0	0	$\pm \dfrac{\sigma_2 - \sigma_3}{2}$	$\pm \dfrac{\sigma_3 - \sigma_1}{2}$	$\pm \dfrac{\sigma_1 - \sigma_2}{2}$
正应力	σ_3	σ_2	σ_1	$\dfrac{\sigma_2 + \sigma_3}{2}$	$\dfrac{\sigma_3 + \sigma_1}{2}$	$\dfrac{\sigma_1 + \sigma_2}{2}$

　　三个主切应力中绝对值最大的一个，也就是一点所有方位切面上切应力的最大者，称为最大切应力，用 $\tau_{\max}$ 表示。若 $\sigma_1 > \sigma_2 > \sigma_3$，则最大切应力为

$$\tau_{\max} = \tau_{13} = \pm \frac{\sigma_1 - \sigma_3}{2} \tag{2-28}$$

一般表示为

$$\tau_{\max} = \frac{1}{2}(\tau_{\max} - \tau_{\min}) \tag{2-29}$$

4. 八面体应力

　　以受力物体内任意点的应力主轴为坐标轴，在无限靠近该点作等倾斜的微分面，其法线与三个主轴的夹角都相等。在主轴坐标系空间八个象限中的等倾微分面构成一个正八面体平面，八面体平面上的应力称为八面体应力。八面体平面的方向余弦为

$$l = m = n = \pm \frac{1}{\sqrt{3}}$$

将上式代入式(2-24)和式(2-25)，可求得八面体正应力 σ_8 和八面体切应力 τ_8 为

$$\sigma_8 = \frac{1}{3}(\sigma_1 + \sigma_2 + \sigma_3) = \sigma_{\mathrm{m}} = \frac{1}{3} J_1 \tag{2-30}$$

$$\begin{aligned}
\tau_8 &= \pm \frac{1}{3}\sqrt{(\sigma_1 - \sigma_2)^2 + (\sigma_2 - \sigma_3)^2 + (\sigma_3 - \sigma_1)^2} \\
&= \pm \frac{2}{3}\sqrt{\tau_{12}^2 + \tau_{23}^2 + \tau_{31}^2} = \pm \sqrt{\frac{2}{3} J_2'}
\end{aligned} \tag{2-31a}$$

由式(2-30)可以看出，σ_8 就是平均应力，即球张量，是不变量。τ_8 是与应力球张量无关的不变量，反映应力三个主应力的综合效应，与应力偏张量第二不变量 J_2' 有关。若式(2-30)中的 J_1 和式(2-31)中的 J_2' 分别用任意坐标系的应力分量代入，则可得到任意坐标系中八面体的应力表达式为

$$\sigma_8 = \frac{1}{3}(\sigma_x + \sigma_y + \sigma_z) \tag{2-31b}$$

$$\tau_8 = \pm\frac{1}{3}\sqrt{(\sigma_x - \sigma_y)^2 + (\sigma_y - \sigma_z)^2 + (\sigma_z - \sigma_x)^2 + 6(\tau_{xy}^2 + \tau_{yz}^2 + \tau_{zx}^2)} \tag{2-31c}$$

主应力平面、主切应力平面和八面体平面都是一点应力状态的特殊平面，这些平面上的应力值对研究一点的应力状态有重要作用。

5. 等效应力

将八面体切应力绝对值的 $3/\sqrt{2}$ 倍所得的参量称为等效应力，用 $\bar{\sigma}$ 表示。对主轴坐标系，有

$$\bar{\sigma} = \frac{3}{\sqrt{2}}|\tau_8| = \frac{1}{\sqrt{2}}\sqrt{(\sigma_1 - \sigma_2)^2 + (\sigma_2 - \sigma_3)^2 + (\sigma_3 - \sigma_1)^2} = \sqrt{3J_2'} \tag{2-32a}$$

对任意坐标系，有

$$\bar{\sigma} = \frac{1}{\sqrt{2}}\sqrt{(\sigma_x - \sigma_y)^2 + (\sigma_y - \sigma_z)^2 + (\sigma_z - \sigma_x)^2 + 6(\tau_{xy}^2 + \tau_{yz}^2 + \tau_{zx}^2)} \tag{2-32b}$$

等效应力是一个不变量，其数值等于单向均匀拉伸(或压缩)时的拉伸(或压缩)应力值。等效应力是一种应力的表征形式，并不代表某一实际平面上的应力，因此不能在某一特定的平面上表示出来，可以理解为代表一点应力状态中应力偏张量的综合作用。

6. 应力平衡微分方程

一般认为，在受外载荷且处于平衡状态的物体中，各点的应力是连续变化的，也就是说，应力是坐标的连续函数，即 $\sigma_{ij} = f(x, y, z)$。

设受力物体中有一点 Q，在直角坐标系中的坐标为 (x, y, z)，其应力状态为 σ_{ij}。在 Q 点无限临近处有另一点 Q'，坐标为 $(x + \mathrm{d}x, y + \mathrm{d}y, z + \mathrm{d}z)$，则形成一个边长为 $\mathrm{d}x$、$\mathrm{d}y$、$\mathrm{d}z$ 并与三个坐标平面平行的平行六面体。由于坐标的微量变化，Q' 点的应力比 Q 点的应力要增加一个微小的量，即 $\sigma_{ij} + \mathrm{d}\sigma_{ij}$。

Q 点 x 面上的正应力分量为 σ_x，则

$$\sigma_x = f(x, y, z)$$

在 Q' 的 x 面上，由于坐标发生了 $\mathrm{d}x$ 的变化，所以其正应力分量将为

$$\sigma_x + \mathrm{d}\sigma_x = f(x + \mathrm{d}x, y, z)$$

$$= f(x, y, z) + \frac{\partial f(x, y, z)}{\partial x}\mathrm{d}x + \frac{1}{2!}\frac{\partial^2 f(x, y, z)}{\partial x^2}\mathrm{d}x^2 + \cdots$$

$$= \sigma_x + \frac{\partial \sigma_x}{\partial x}\mathrm{d}x$$

依此类推，Q' 点的应力状态为

$$[\sigma_{ij}] + [\mathrm{d}\sigma_{ij}] = \begin{bmatrix} \sigma_x + \dfrac{\partial \sigma_x}{\partial x}\mathrm{d}x & \tau_{xy} + \dfrac{\partial \tau_{xy}}{\partial x}\mathrm{d}x & \tau_{xz} + \dfrac{\partial \tau_{xz}}{\partial x}\mathrm{d}x \\[2mm] \tau_{yx} + \dfrac{\partial \tau_{yx}}{\partial y}\mathrm{d}y & \sigma_y + \dfrac{\partial \sigma_y}{\partial y}\mathrm{d}y & \tau_{yz} + \dfrac{\partial \tau_{yz}}{\partial y}\mathrm{d}y \\[2mm] \tau_{zx} + \dfrac{\partial \tau_{zx}}{\partial z}\mathrm{d}z & \tau_{zy} + \dfrac{\partial \tau_{zy}}{\partial z}\mathrm{d}z & \sigma_z + \dfrac{\partial \sigma_z}{\partial z}\mathrm{d}z \end{bmatrix}$$

于是可得平行六面体上的应力分量如图 2-5 所示。

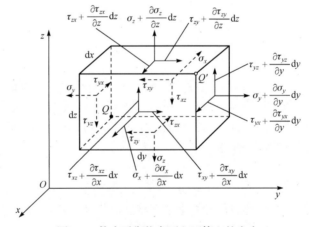

图 2-5　静力平衡状态下六面体上的应力

因为六面体处于静力平衡状态，根据静力平衡条件，如 $\sum P_x = 0$，则有

$$\left(\sigma_x + \frac{\partial \sigma_x}{\partial x}\mathrm{d}x\right)\mathrm{d}y\mathrm{d}z + \left(\tau_{yx} + \frac{\partial \tau_{yx}}{\partial y}\mathrm{d}y\right)\mathrm{d}z\mathrm{d}x + \left(\tau_{zx} + \frac{\partial \tau_{zx}}{\partial z}\mathrm{d}z\right)\mathrm{d}x\mathrm{d}y$$

$$-\sigma_x\mathrm{d}y\mathrm{d}z - \tau_{yz}\mathrm{d}z\mathrm{d}x - \tau_{zx}\mathrm{d}x\mathrm{d}y = 0$$

同理，由 $\sum P_y = 0$、$\sum P_z = 0$，还可写出与上式类似的两个等式。经化简整

理后，可得直角坐标系中质点的应力平衡微分方程为

$$\begin{cases} \dfrac{\partial \sigma_x}{\partial x} + \dfrac{\partial \tau_{yz}}{\partial y} + \dfrac{\partial \tau_{zx}}{\partial z} = 0 \\[3mm] \dfrac{\partial \tau_{xy}}{\partial x} + \dfrac{\partial \sigma_y}{\partial y} + \dfrac{\partial \tau_{zy}}{\partial z} = 0 \\[3mm] \dfrac{\partial \tau_{xz}}{\partial x} + \dfrac{\partial \tau_{yz}}{\partial y} + \dfrac{\partial \sigma_z}{\partial z} = 0 \end{cases} \tag{2-33}$$

简记为

$$\frac{\partial \sigma_{ij}}{\partial x_i} = 0 \tag{2-34}$$

7. 应力莫尔圆

莫尔(Mohr)圆是一点应力状态的图解表述，若已知某点的一组应力分量或主应力，就可以利用应力莫尔圆通过图解法来确定该点任意方位平面上的正应力和切应力。

对于平面应变问题，由于垂直的平面上没有应力分量，即变形体内各点 $\sigma_z = \tau_{zx} = \tau_{zy} = 0$，$z$ 方向是一个主方向，即得到平面应力状态下的应力张量为

$$\boldsymbol{\sigma} = [\sigma_{ij}] = \begin{bmatrix} \sigma_x & \tau_{xy} & 0 \\ \tau_{yz} & \sigma_y & 0 \\ 0 & 0 & 0 \end{bmatrix}$$

通过推导可得到平面应力状态下的应力莫尔圆方程为

$$\left(\sigma - \frac{\sigma_x + \sigma_y}{2} \right)^2 + \tau^2 = \left(\frac{\sigma_x - \sigma_y}{2} \right)^2 + \tau_{xy}^2 \tag{2-35}$$

其圆心位置为 $\left(\dfrac{\sigma_x + \sigma_y}{2}, 0 \right)$，半径为 $\sqrt{\left(\dfrac{\sigma_x - \sigma_y}{2} \right)^2 + \tau_{xy}^2}$。由于该圆周上某一点的坐标值 (σ_n, τ_n) 正是考察点一个对应斜面上的应力值，整个圆周上的所有点集的坐标值能够表述该考察点所有斜面上的应力值，所以莫尔圆就成为描述考察点应力状态的几何圆形，通过它就可以获得考察点任意斜面的应力状态。

对于空间问题，即三向应力状态，也可作应力莫尔圆，圆上的任何一点的横坐标与纵坐标值代表某一斜微分面上的正应力 σ 及切应力 τ 的大小，如图 2-6 所示。

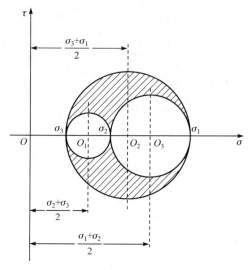

图2-6 三向应力莫尔圆

设已知受力物体内某点的三个主应力为 σ_1、σ_2、σ_3，且 $\sigma_1 > \sigma_2 > \sigma_3$。以应力主轴为坐标轴作一斜微分面，其方向余弦为 l、m、n，则有如下三个方程：

$$\begin{cases} \sigma = \sigma_1 l^2 + \sigma_2 m^2 + \sigma_3 n^2 \\ \tau^2 = (\sigma_1 l)^2 + (\sigma_2 m)^2 + (\sigma_3 n)^2 - (\sigma_1 l^2 + \sigma_2 m^2 + \sigma_3 n^2)^2 \\ l^2 + m^2 + n^2 = 1 \end{cases}$$

式中，σ、τ 分别为所作微分面上的正应力和切应力。

将上式视为以 l^2、m^2、n^2 为未知数的方程组，可得方程组为

$$\begin{cases} l^2 = \dfrac{(\sigma - \sigma_2)(\sigma - \sigma_3) + \tau^2}{(\sigma_1 - \sigma_2)(\sigma_1 - \sigma_3)} \\[2mm] m^2 = \dfrac{(\sigma - \sigma_1)(\sigma - \sigma_3) + \tau^2}{(\sigma_2 - \sigma_1)(\sigma_2 - \sigma_3)} \\[2mm] n^2 = \dfrac{(\sigma - \sigma_1)(\sigma - \sigma_2) + \tau^2}{(\sigma_3 - \sigma_1)(\sigma_3 - \sigma_2)} \end{cases} \tag{2-36}$$

将式(2-36)展开并对 σ 配方，整理后得

$$\begin{cases} \left(\sigma - \dfrac{\sigma_2 + \sigma_3}{2}\right)^2 + \tau^2 = l^2(\sigma_1 - \sigma_2)(\sigma_1 - \sigma_3) + \left(\dfrac{\sigma_2 - \sigma_3}{2}\right)^2 \\[4mm] \left(\sigma - \dfrac{\sigma_1 + \sigma_3}{2}\right)^2 + \tau^2 = m^2(\sigma_2 - \sigma_3)(\sigma_2 - \sigma_1) + \left(\dfrac{\sigma_3 - \sigma_1}{2}\right)^2 \\[4mm] \left(\sigma - \dfrac{\sigma_1 + \sigma_2}{2}\right)^2 + \tau^2 = n^2(\sigma_3 - \sigma_1)(\sigma_3 - \sigma_2) + \left(\dfrac{\sigma_1 - \sigma_2}{2}\right)^2 \end{cases} \qquad (2\text{-}37)$$

在 σ-τ 坐标平面上，式(2-37)表示三个圆的方程，圆心都在 σ 轴上，圆心到坐标原点的距离恰好分别为三个主切应力平面上的正应力，即 $\dfrac{1}{2}(\sigma_2 + \sigma_3)$、$\dfrac{1}{2}(\sigma_1 + \sigma_3)$、$\dfrac{1}{2}(\sigma_1 + \sigma_2)$。三个圆的半径随斜微分面的方向余弦值的变化而变化。对于每一组方向余弦值 l、m、n，都将有如图 2-7 所示的三个圆。式(2-37)中的每一个式子只包含一个方向余弦，因此由每个式子所得的圆表示某一个方向余弦为定值时，随其他两个方向余弦变化时斜微分面上的 σ 和 τ 的变化规律。图 2-7 中三个圆的交点 P 的坐标 σ、τ 表示方向余弦为 l、m、n 这个确定的斜微分面上的正应力和切应力。

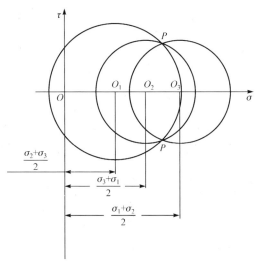

图 2-7　l、m、n 为定值时，斜微分面上 σ、τ 的变化规律

若式(2-27)中三个方向余弦 l、m、n 分别为零，则可得到下列三个圆的方程：

$$\begin{cases} \left(\sigma - \dfrac{\sigma_2 + \sigma_3}{2}\right)^2 + \tau^2 = \left(\dfrac{\sigma_2 - \sigma_3}{2}\right) = \tau_{23}^2 \\[3mm] \left(\sigma - \dfrac{\sigma_1 + \sigma_3}{2}\right)^2 + \tau^2 = \left(\dfrac{\sigma_3 - \sigma_1}{2}\right) = \tau_{31}^2 \\[3mm] \left(\sigma - \dfrac{\sigma_1 + \sigma_2}{2}\right)^2 + \tau^2 = \left(\dfrac{\sigma_1 - \sigma_2}{2}\right) = \tau_{12}^2 \end{cases} \tag{2-38}$$

由式(2-38)画出的三个圆称为三向应力莫尔圆,如图 2-6 所示。它们的圆心位置与式(2-27)表示的三个圆的圆心位置相同,圆半径大小分别等于三个主切应力值。图 2-7 中 O_1 圆表示 $l = 0$、$m^2 + n^2 = 1$ 时,即外法线 N 与 σ_1 主轴垂直的微分面在 σ_2-σ_3 坐标平面上旋转时,σ 和 τ 的变化规律。其他两个圆可同样理解。

2.4 应 变 分 析

一个物体受作用力后,其内部质点不仅会发生相对位置的改变(产生位移),而且会产生形状的变化,即产生变形。应变是表示变形大小的一个物理量。物体变形时,其体内各质点在各方向上都会有应变,与应力分析一样,同样需引入"点应变状态"的概念。点应变状态也是二阶张量,故与应力张量有许多相似的性质。应变分析主要是几何学和运动学的问题,它与物体中的位移场或速度场有密切的联系,位移场一经确定,变形体内的应变场也就确定。

研究应变问题往往从小变形(数量级为 $10^{-3} \sim 10^{-2}$ 的弹塑性变形)着手。但金属塑性加工是大变形,这时除了采用应变增量或应变率外,还要对有限应变进行一定的分析。

应变分为工程应变和对数应变,而工程应变分为线应变和切应变。选取单元体分析一点的变形情况,单元体的变形可分为棱边长度的变化(伸长或缩短)及每两棱边所夹直角的变化两种情况。将单元体棱长的伸长或缩短定义为线变形,将单位长度上的线变形定义为线应变或正应变,用 ε 表示。线元伸长时线应变为正,缩短时线应变为负。同时,将单位长度上的偏移量或两棱边所夹直角的变化量定义为工程切应变,也称为相对切应变。直角角度变小时工程切应变取正号,增大时取负号。

在研究应变时，把刚体转动部分去掉。这样，与一点的九个应力分量相似，过一点三个互相垂直的方向上有九个应变分量，用角标符号 ε_{ij} 表示，且过一点有六个独立的应变分量。若物体内两质点距离为 l_0，经过变形后距离为 l_n，则定义相对线应变为

$$\varepsilon = \frac{l_n - l_0}{l_0} \tag{2-39}$$

这种相对线应变一般用于小应变情况。

在实际大的塑性变形过程中，长度 l_0 经过无穷多个中间的数值逐渐变成 l_n，由 l_0 到 l_n 的总变形程度可用微分概念表示，设 $\mathrm{d}l$ 是每一变形阶段的长度增量，则物体总的变形程度为

$$\epsilon = \int_{l_0}^{l_n} \frac{\mathrm{d}l}{l} = \ln\frac{l_n}{l_0} \tag{2-40}$$

ϵ 定义为对数应变或真实应变，能够真实地反映变形的积累过程，也称为真应变。真应变也可定义为：塑性变形过程中，在应变主轴方向保持不变的情况下应变增量的总和。

对数应变之所以能够在实际大的塑性变形中应用，是因为：

(1) 相对应变不能表示变形的实际情况，而且变形程度越大，误差越大；

(2) 相对应变为不可加应变，对数应变为可叠加应变，也称为可加应变；

(3) 相对应变为不可比应变，对数应变为可比应变，用对数应变表示拉、压两种不同变形方式、不同变形程度时，是具有可比较性的。

2.4.1　一点的应变状态

与确定点的应力状态相似，根据质点三个互相垂直方向上的九个应变分量，可以求出过该点任意方向上的应变分量，则该点的应变状态即可确定。

现设变形体内一点 $a(x, y, z)$，其应变分量为 ε_{ij}，由 a 引一任意方向线元 ab，其长度为 r，方向余弦为 l、m、n，小变形前，b 点可视为与 a 点无限接近的一点，其坐标为 $(x + \mathrm{d}x, y + \mathrm{d}y, z + \mathrm{d}z)$，则 ab 在三个坐标轴上的投影为 $\mathrm{d}x$、$\mathrm{d}y$、$\mathrm{d}z$，则得

$$l = \frac{\mathrm{d}x}{r}, \quad m = \frac{\mathrm{d}y}{r}, \quad z = \frac{\mathrm{d}z}{r} \tag{2-41}$$

$$r^2 = \mathrm{d}x^2 + \mathrm{d}y^2 + \mathrm{d}z^2 \tag{2-42}$$

小变形后，线元 ab 移至 a_1b_1，其长度为 $r_1 = r + \delta r$，同时偏转角度为 α_r，如图 2-8 所示。

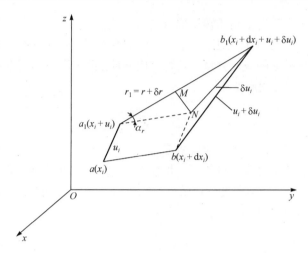

图 2-8　任意方向线元的应变

　　将 ab 平移至 a_1N，构成三角形 a_1Nb_1。Na_1 的三个投影为 $\mathrm{d}x$、$\mathrm{d}y$、$\mathrm{d}z$，Nb_1 的三个投影为 δu、δv、δw，线元 a_1b_1 的三个投影为 $\mathrm{d}x+\delta u$、$\mathrm{d}y+\delta v$、$\mathrm{d}z+\delta w$。于是 a_1b_1 的长度 r_1 为

$$r_1^2 = (r+\delta r)^2 = (\mathrm{d}x+\delta u)^2 + (\mathrm{d}y+\delta v)^2 + (\mathrm{d}z+\delta w)^2 \tag{2-43}$$

将式(2-43)展开减去 r^2 并略去 δr、δu、δv、δw 的平方项，化简并整理得

$$r\delta r = \delta u \mathrm{d}x + \delta v \mathrm{d}y + \delta w \mathrm{d}z \tag{2-44}$$

将式(2-44)两边除以 r^2，并考虑到式(2-41)和 $\delta r/r = \varepsilon_r$，可以得到

$$\varepsilon_r = l\frac{\delta u}{r} + m\frac{\delta v}{r} + n\frac{\delta w}{r} \tag{2-45}$$

再处理得

$$\varepsilon_r = \varepsilon_x l^2 + \varepsilon_y m^2 + \varepsilon_z n^2 + 2(r_{xy}lm + r_{yz}mn + r_{zx}n) \tag{2-46}$$

　　下面求线元 ab 变形后的偏转角，即图 2-8 中的 α_r。为了推导方便，设 $r=1$。在直角三角形 NMb_1 中，有

$$NM^2 = Nb_1^2 - Mb_1^2 = (\delta u_i)^2 - Mb_1^2$$

由于

$$a_1M \approx a_1N = r = 1$$

$$\tan\alpha_r \approx \alpha_r = \frac{NM}{a_1M} = NM$$

所以

$$\varepsilon_r = \frac{\delta r}{r} = \delta r$$

$$Mb_1 = a_1 b_1 - a_1 M \approx \delta r = \varepsilon_r$$

于 是　$NM^2 = Nb_1^2 - Mb_1^2 = (\delta u_i)^2 - Mb_1^2$　可 写 为　$\alpha_r^2 = NM^2 = Nb_1^2 - Mb_1^2 = (\delta u_i)^2 - \varepsilon_r^2$。

若只考虑纯剪切变形，α_r 就是切应力 γ_r，则所得切应力表达式为

$$\gamma_r^2 = (\delta u_i')^2 - \varepsilon_r^2 \tag{2-47}$$

若已知一点互相垂直的三个方向上有九个应变分量，则可求出过该点任意方向上的应变分量，该点的应变状态即可确定。所以，这与一点的应力状态可以用该点三个互相垂直的微分面上的九个应力分量来表示完全相似。

2.4.2　应变张量

与应力状态相似，如果当坐标轴旋转后在新的坐标系中的九个应变分量与原坐标系中的九个应变分量之间的关系也符合张量的定义，即符合下列线性关系：

$$\varepsilon_{kr} = \varepsilon_{ij} l_{ki} l_{rj}, \quad i, j = x, y, z; k, r = x', y', z'$$

那么这一点的应变状态是张量，且为二阶张量。由于 $\gamma_{xy} = \gamma_{yx}$、$\gamma_{yz} = \gamma_{zy}$、$\gamma_{zx} = \gamma_{xz}$，应变张量为对称张量，记为

$$\boldsymbol{\varepsilon} = [\varepsilon_{ij}] = \begin{bmatrix} \varepsilon_x & \gamma_{xy} & \gamma_{xz} \\ \gamma_{yx} & \varepsilon_y & \gamma_{yz} \\ \gamma_{zx} & \gamma_{zy} & \varepsilon_z \end{bmatrix}, \quad \boldsymbol{\varepsilon} = [\varepsilon_{ij}] = \begin{bmatrix} \varepsilon_x & \gamma_{xy} & \gamma_{xz} \\ & \varepsilon_y & \gamma_{yz} \\ & & \varepsilon_z \end{bmatrix}$$

因此，点的应变状态需要用九个应变分量或应变张量来描述，若已知应变张量的分量，则该点的应变状态就可以完全确定。

2.4.3　主应变、应变张量不变量以及其他特征应变

1. 主应变

将主应变定义为：过变形体内一点存在三个相互垂直的应变主方向(应变主轴)上线元的线应变，该方向上线元没有切应变，符号为 ε_1、ε_2、ε_3。

若取应变主轴为坐标轴，则应变张量为

$$\boldsymbol{\varepsilon} = [\varepsilon_{ij}] = \begin{bmatrix} \varepsilon_1 & 0 & 0 \\ 0 & \varepsilon_2 & 0 \\ 0 & 0 & \varepsilon_3 \end{bmatrix} \tag{2-48}$$

2. 应变张量不变量

已知一点的应变张量，求过该点的三个主应变，存在一个应变状态的特征方程：

$$\varepsilon^3 - I_1\varepsilon^2 - I_2\varepsilon - I_3 = 0 \tag{2-49}$$

当应变状态唯一确定时，三个主应变具有单值性，即在求主应变大小的应变状态特征方程(2-49)中的系数 I_1、I_2、I_3 也应具有单值性，为应变张量不变量。三个系数的计算公式为

$$\begin{cases} I_1 = \varepsilon_x + \varepsilon_y + \varepsilon_z = \varepsilon_1 + \varepsilon_2 + \varepsilon_3 = 常数 \\ I_2 = -(\varepsilon_x\varepsilon_y + \varepsilon_y\varepsilon_z + \varepsilon_z\varepsilon_x) + (\gamma_{xy}^2 + \gamma_{yz}^2 + \gamma_{zx}^2) \\ \quad = -(\varepsilon_1\varepsilon_2 + \varepsilon_2\varepsilon_3 + \varepsilon_3\varepsilon_1) = 常数 \\ I_3 = \varepsilon_x\varepsilon_y\varepsilon_z + 2\gamma_{xy}\gamma_{yz}\gamma_{zx} - (\varepsilon_x\gamma_{yz}^2 + \varepsilon_y\gamma_{zx}^2 + \varepsilon_z\gamma_{xy}^2) \\ \quad = \varepsilon_1\varepsilon_2\varepsilon_3 = 常数 \end{cases} \tag{2-50}$$

已知三个主应变，同样可以画出三向应变莫尔圆。应变莫尔圆与应力莫尔圆配合使用时，应变莫尔圆的纵轴向下为正，如图2-9所示。

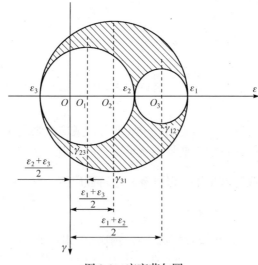

图2-9 应变莫尔圆

3. 主切应变和最大切应变

在与应变主方向成 ±45°角的方向上存在三对各自相互垂直的线元，它们的切应变有极值，即主切应变。主切应变的计算公式为

$$\begin{cases} \gamma_{12} = \pm\dfrac{1}{2}(\varepsilon_1 - \varepsilon_2) \\[2mm] \gamma_{23} = \pm\dfrac{1}{2}(\varepsilon_2 - \varepsilon_3) \\[2mm] \gamma_{31} = \pm\dfrac{1}{2}(\varepsilon_3 - \varepsilon_1) \end{cases} \tag{2-51}$$

三对主切应变中，绝对值最大的主切应变称为最大切应变。若 $\varepsilon_1 \geqslant \varepsilon_2 \geqslant \varepsilon_3$，则最大切应变为

$$\gamma_{\max} = \pm\frac{1}{2}(\varepsilon_1 - \varepsilon_3) \tag{2-52}$$

4. 主应变简图

用主应变的个数和符号来表示应变状态的简图，称为主应变图。主应变简图对于分析塑性变形的金属流动具有极其重要的意义，用它可以判断塑性变形类型。

特征应变是三个主应变中绝对值最大的主应变，反映该工序的变形特征。若用主应变简图来表示应变状态，根据体积不变条件和特征应变，则塑性变形只能有三种变形类型，即压缩类变形、剪切类变形、伸长类变形，如图 2-10 所示。

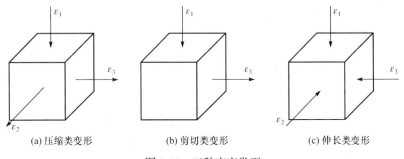

(a) 压缩类变形　　　　(b) 剪切类变形　　　　(c) 伸长类变形

图 2-10　三种应变类型

图 2-11(a)为压缩类变形，图为轧制过程，其特征应变为负应变（$\varepsilon_1 < 0$）另两个应变为正应变，$\varepsilon_2 + \varepsilon_3 = -\varepsilon_1$。

图 2-11(b)和(c)为伸长类变形，图 2-11(b)为挤压变形，图 2-11(c)为拉拔变形，特征应变为正应变，另外两个应变为负应变，$\varepsilon_1 = -\varepsilon_2 - \varepsilon_3$。

图 2-11(d)为剪切类变形(平面变形)，图为冲压过程中压边处受力情况，其中一个方向的应变为零（$\varepsilon_2 = 0$），其他两个应变大小相等，方向相反，$\varepsilon_1 = -\varepsilon_3$。

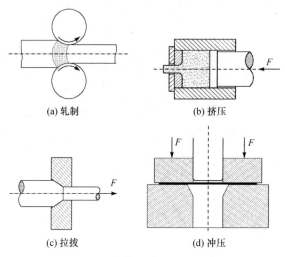

$$(a) 轧制 \qquad (b) 挤压$$

$$(c) 拉拔 \qquad (d) 冲压$$

图 2-11　不同加工类型的应变类型

5. 八面体应变

在以三个应变主轴为坐标轴的主应变空间中，同样可作正八面体。八面体平面的法线方向线元的应变称为八面体应变。

八面体线应变为

$$\varepsilon_8 = \frac{1}{3}(\varepsilon_x + \varepsilon_y + \varepsilon_z) = \frac{1}{3}(\varepsilon_1 + \varepsilon_2 + \varepsilon_3) = \varepsilon_m = \frac{1}{3}I_1 \tag{2-53}$$

八面体切应变为

$$\gamma_8 = \pm\frac{1}{3}\sqrt{(\varepsilon_x - \varepsilon_y)^2 + (\varepsilon_y - \varepsilon_z)^2 + (\varepsilon_z - \varepsilon_x)^2 + 6(\gamma_{xy}^2 \gamma_{yz}^2 \gamma_{zx}^2)}$$

$$= \pm\frac{1}{3}\sqrt{(\varepsilon_1 - \varepsilon_2)^2 + (\varepsilon_2 - \varepsilon_3)^2 + (\varepsilon_3 - \varepsilon_1)^2} \tag{2-54}$$

6. 应变偏张量和应变球张量

应变张量可分解为两个张量，即

$$[\varepsilon_{ij}] = \begin{bmatrix} \varepsilon_x & \gamma_{xy} & \gamma_{xz} \\ \gamma_{yx} & \varepsilon_y & \gamma_{yz} \\ \gamma_{zx} & \gamma_{zy} & \varepsilon_z \end{bmatrix} = \begin{bmatrix} \varepsilon_x - \varepsilon_m & \gamma_{xy} & \gamma_{xz} \\ \gamma_{yx} & \varepsilon_y - \varepsilon_m & \gamma_{yz} \\ \gamma_{zx} & \gamma_{zy} & \varepsilon_z - \varepsilon_m \end{bmatrix} + \begin{bmatrix} \varepsilon_m & 0 & 0 \\ 0 & \varepsilon_m & 0 \\ 0 & 0 & \varepsilon_m \end{bmatrix}$$

$$= [\varepsilon_{ij}'] + [\delta_{ij}\varepsilon_m] \tag{2-55}$$

式中，$\varepsilon_{\mathrm{m}} = \dfrac{1}{3}(\varepsilon_x + \varepsilon_y + \varepsilon_z)$ 为平均应变；ε'_{ij} 为应变偏张量，表示变形单元体形状的变化；$\delta_{ij}\varepsilon_{\mathrm{m}}$ 为应变球张量，表示变形单元体体积的变化。

塑性变形时，根据体积不变假设，即有 $\varepsilon_{\mathrm{m}} = 0$，故此时应变偏张量即应变张量。

应变偏张量也有三个不变量，即应变偏张量第一不变量、第二不变量、第三不变量：

$$\begin{cases} I'_1 = \varepsilon'_x + \varepsilon'_y + \varepsilon'_z = \varepsilon'_1 + \varepsilon'_2 + \varepsilon'_3 = 0 \\ I'_2 = -(\varepsilon'_x \varepsilon'_y + \varepsilon'_y \varepsilon'_z + \varepsilon'_z \varepsilon'_x) + (\gamma^2_{xy} + \gamma^2_{yz} + \gamma^2_{zx}) \\ \quad = -(\varepsilon'_1 \varepsilon'_2 + \varepsilon'_2 \varepsilon'_3 + \varepsilon'_3 \varepsilon'_1) = I_2 \\ I'_3 = \varepsilon'_x \varepsilon'_y \varepsilon'_z + 2\gamma_{xy}\gamma_{yz}\gamma_{zx} - (\varepsilon'_x \gamma^2_{yz} + \varepsilon'_y \gamma^2_{zx} + \varepsilon'_z \gamma^2_{xy}) \\ \quad = \varepsilon'_1 \varepsilon'_2 \varepsilon'_3 = \varepsilon_1 \varepsilon_2 \varepsilon_3 = I_3 \end{cases} \tag{2-56}$$

7. 等效应变

将八面体切应变绝对值的 $\sqrt{2}$ 倍所得到的参量定义为等效应变，也称为广义应变或应变强度，记为

$$\begin{aligned} \overline{\varepsilon} &= \sqrt{2}\,|\gamma_8| \\ &= \frac{\sqrt{2}}{3}\sqrt{(\varepsilon_x - \varepsilon_y)^2 + (\varepsilon_y - \varepsilon_z)^2 + (\varepsilon_z - \varepsilon_x)^2 + 6(\gamma^2_{xy} + \gamma^2_{yz} + \gamma^2_{zx})} \\ &= \frac{\sqrt{2}}{3}\sqrt{(\varepsilon_1 - \varepsilon_2)^2 + (\varepsilon_2 - \varepsilon_3)^2 + (\varepsilon_3 - \varepsilon_1)^2} \end{aligned} \tag{2-57}$$

等效应变是一个不变量，在发生塑性变形时，其数值等于单向均匀拉伸或均匀压缩方向上的线应变 ε_1，即 $\overline{\varepsilon} = \varepsilon_1$。在单向应力状态下，由体积不变条件得 $\varepsilon_2 = \varepsilon_3 = -\dfrac{1}{2}\varepsilon_1$，代入式(2-57)，得 $\overline{\varepsilon} = \dfrac{\sqrt{2}}{3}\sqrt{\left(\dfrac{3}{2}\varepsilon_1\right)^2 + \left(-\dfrac{3}{2}\varepsilon_1\right)^2} = \varepsilon_1$。

第 3 章　流变学本构关系

本构关系是反映物质宏观性质的数学模型。最熟知的反映纯力学性质的本构关系有胡克定律、牛顿内摩擦定律(牛顿黏性定律)、圣维南理想塑性定律等；反映热力学性质的有克拉佩龙理想气体状态方程、傅里叶热传导方程等。本书主要探讨描述连续介质变形的参量与描述内力的参量联系起来的一组关系式，又称本构方程。本质上说，就是物理关系，它是结构或者材料的宏观力学性能的综合反映。为了确定物体在外力作用下的响应，必须知道构成物体的材料所适用的本构关系。在本构关系中，材料的力学性质是用应力-应变-时间关系来描述的。相应地，材料的力学本构关系分为与时间无关的和与时间有关的两类。前者可分为弹性(包括线性、非线性)和塑性(包括理想塑性、应变硬化、应变软化)两种，其中塑性本构关系常用增量的形式给出；后者可分为无屈服的(黏弹性，包括线性、非线性)和有屈服的(黏塑性)两种。流变学理论描述的是材料与时间相关的变形行为，是最为理想的材料本构关系，它可将单一的本构关系进一步组合，如组合成弹塑性本构关系、黏弹塑性本构关系等，并可采用统一的流变学本构模型来表征。

3.1　流变模型理论

为了描述和测量运动，把真实物体简化，这是对复杂事物认识的发展过程中一个必不可少的初级阶段。模型理论就是在流变学发展初期建立起来的，它采用不同的模型唯象地从量的一个侧面描述物体，尤其是线性物体的流变特性。模型理论假定材料的力学特性是由一个或若干个理想的材料力学特性模型组合而成的。

基本的流变构件是十分抽象的模型，用来描述实际物体的真实运动过程，通过对基本流变模型构件的组合来描述许多复杂的运动过程。基本构件包括刚性固体、弹性体、塑性体(摩擦件)、黏性流体等，这些基本构形示意图如图 3-1 所示，图 3-2 为应力-应变曲线，图 3-3 为应力-应变率曲线。

刚体用符号 Eu 表示，是指在任何力的条件下都不会发生变形，它的应力-应变曲线如图 3-2 所示，是一条竖直的直线，并且与应力轴重合。刚体在静力学、运动学和动力学中是材料的一种理想属性，认为其弹性、塑性和黏性均可以忽略。

帕斯卡液体 (Pa) 是一种与刚体相反的模型，它是一种理想的液体，在没有任何阻力的情况下可以瞬间无限地流动。它的流变关系如图 3-3 所示，在应力-应变率坐标系中是一条与 dε/dt 重合的水平直线。

胡克弹性体 (H) 是一种理想的弹簧，如图 3-1(a) 所示，它的应力-应变曲线具有线性关系，如图 3-2 所示，可以用胡克定律进行描述：

$$\sigma = E\varepsilon \tag{3-1}$$

式中，E 为弹性模量。当外力撤掉以后，由外力引起的变形将消失。

摩擦件 (STV，塑性体)，如图 3-1(b) 所示。当物体受力在其屈服应力以下时，摩擦件的性质与刚体类似。其流动特征为存在一个临界值，即对材料施加的应力小于临界值时，材料不发生流动，当达到临界值时，材料将出现不可逆的塑性流动，这个临界值称为屈服值；流动具有累积性，即材料流动过程中其剪切应力不变，直至流动终止，最后获得一定的所需要的变形量，而这一变形量是塑性流动过程中逐渐累积的；流动具有持续性，塑性流动是一个过程，这一过程意味着顺序性的存在，即需要持续一段时间，以确保流动的完成。

牛顿黏性流体 (N) 可由一个活塞缸中装有黏性液体和一个自由活动的活塞组成，如图 3-1(c) 所示。黏性液体流动过程中受到的阻力与其流动速率有关，可由牛顿流动公式表示：

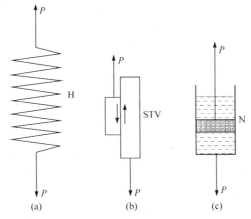

图 3-1　弹性体、塑性体和黏性流体的流变模型示意图

$$\sigma = \lambda \frac{\mathrm{d}\varepsilon}{\mathrm{d}t} \tag{3-2}$$

　　如图 3-2 所示，可以发现黏性液体与弹性固体具有类似的抵抗静水压力的行为。

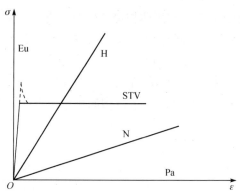

图 3-2　简单模型的应力-应变曲线

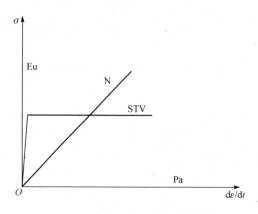

图 3-3　简单模型的应力-应变率曲线

3.2　常见的流变模型

　　人们常用不同组合的弹性元件、黏性元件和摩擦件三个基本流变学元件构建材料流变特性谱系，通过实验的拟合和理论的归纳寻找适合工程应用的方程。描述材料流变谱系本构关系的一般形式除了应力、应变及有关材料参数外，还包含应力率、应变率、时间和温度的影响。从三个元件中分别取出

1～3 个元件进行并联组合产生的模型总数为 7 个，这 7 个基本力学模型中的黏弹性、黏弹塑性、黏性和黏塑性四种模型是与时间有关的，称为基本流变学模型。其他流变学模型均可由这四种模型串联得到。

3.2.1 Kelvin-Voigt 模型

Kelvin-Voigt 模型是最简单的流变模型之一，也常称为 Kelvin 模型。如图 3-4(a)所示，Kelvin 模型是由一个胡克弹簧和一个牛顿粘壶并联而得到的，即

$$K = H \,|\, N \tag{3-3}$$

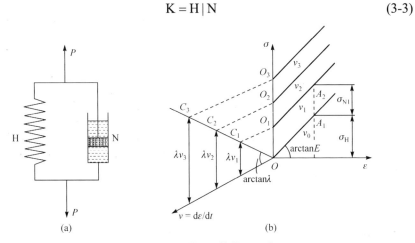

图 3-4 Kelvin 黏弹性固体模型示意图

根据并联的特点，模型的应力等于各个元件应力之和，包括弹性部分(H)的应力 $\sigma_{\mathrm{H}} = E\varepsilon$ 和黏性部分(N)的应力 $\sigma_{\mathrm{N}} = \lambda(\mathrm{d}\varepsilon/\mathrm{d}t)$，即

$$\sigma = E\varepsilon + \lambda \frac{\mathrm{d}\varepsilon}{\mathrm{d}t} \tag{3-4}$$

式中，λ 为材料的黏性系数。

对于剪切应力，可以得到

$$\sigma_{xy} = G\varepsilon_{xy} + \eta \frac{\mathrm{d}\varepsilon_{xy}}{\mathrm{d}t} \tag{3-5}$$

式中，η 为切向黏性系数，而体积变形利用式(3-6)进行定义：

$$\sigma_{\mathrm{m}} = K\varepsilon_{\mathrm{m}} + \zeta \frac{\mathrm{d}\varepsilon_{\mathrm{m}}}{\mathrm{d}t} \tag{3-6}$$

式中，σ_{m} 为平均应力；K 为体积模量。

弹性模量、剪切模量和体积模量之间的关系如下：

$$E = \frac{9GK}{G + 3K} \tag{3-7}$$

Reiner 根据式(3-7)认为黏性系数、切向黏性系数和体积黏性系数之间也存在如下关系：

$$\lambda = \frac{9\eta\zeta}{\eta + 3\zeta} \tag{3-8}$$

对不可压缩物体来说，$K \to \infty$，$\zeta \to \infty$，这就意味着在整个物体变形过程中体积不发生变化，因此式(3-7)和式(3-8)可以变为

$$E = 3G \tag{3-9}$$

$$\lambda = 3\eta \tag{3-10}$$

图 3-4(b)中给出了应力、应变和应变率的关系，已经得到，Kelvin 固体包括不和应变率相关的纯弹性部分 σ_H 和与应变率呈线性关系的黏性部分 σ_N。方程(3-4)是关于 ε 的线性微分方程，它的积分形式为

$$\varepsilon = e^{-Et/\lambda} \left(\int_{t_0}^{t} \frac{\sigma}{\lambda} e^{E\tau/\lambda} d\tau + \varepsilon_0 e^{Et_0/\lambda} \right) \tag{3-11}$$

式中，ε_0 为在初始时刻 t_0 时的初始应变。

图 3-5 表明了 Kelvin 固体的弹性后效和恢复过程。如果 Kelvin 固体突然受到一个载荷，并且立即产生了一个恒定的应力 σ_0，应变会随着时间逐渐增加，如图 3-5(b)所示，且应变-时间曲线最终逐渐趋近弹性值：

$$\varepsilon_H = \frac{\sigma_0}{E} \tag{3-12}$$

图中的曲线符合关系式(3-11)。当 $\sigma = \sigma_0$、$\varepsilon_0 = 0$ 时，有

$$\varepsilon = \frac{\sigma_0}{E}(1 - e^{-Et/\lambda}) = \frac{\sigma_0}{E}(1 - e^{-t/t_R}) \tag{3-13}$$

式中，$t_R = \dfrac{\lambda}{E}$，表示延迟时间。

在 t_A 时刻将载荷移除，根据关系式(3-14)，变形体将逐渐恢复到未发生应变的状态，即

$$\varepsilon = \frac{\sigma_0}{E}[1 - e^{-E(t - t_A)/\lambda}] \tag{3-14}$$

而关系式(3-14)是通过式(3-11)在时间间隔为 $\langle t_A, t \rangle$，$\sigma = 0$，$\varepsilon_0 = \varepsilon_A = \dfrac{\sigma_0}{E}[1 - e^{-E(t - t_A)/\lambda}]$ 条件下得到的。

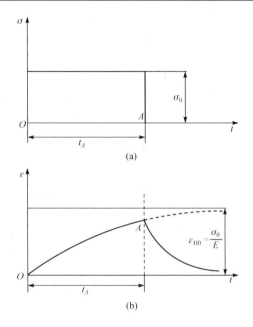

图 3-5　Kelvin 固体的弹性后效和恢复过程

　　图 3-6 为在相同时间间隔并且间隔时间较短的重复加载和卸载过程。值得注意的是，在卸载后，物体并没有完全恢复到加载时的状态，在不断重复加载后，残余应变不断累积，最终将逐渐趋近于弹性段应变值 σ_0/E。

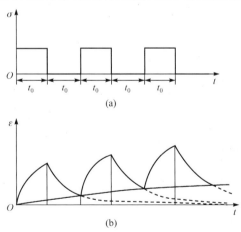

图 3-6　Kelvin 固体循环加载下的弹性后效

如果黏弹性 Kelvin 固体在一个恒定变化的应力 $v_s = \sigma/t$ 作用下，根据式(3-11)可以得到如下关系：

$$\varepsilon = \mathrm{e}^{-Et/\lambda}\left(\frac{1}{\lambda}\int_{t_0}^{t} v_s \tau \mathrm{e}^{E\tau/\lambda}\mathrm{d}\tau + \varepsilon_0 \mathrm{e}^{Et_0/\lambda}\right)$$

$$= \frac{v_s}{E}\left\{t - t_0 \mathrm{e}^{-E(t-t_0)/\lambda} - \frac{\lambda}{E}[1-\mathrm{e}^{-E(t-t_0)/\lambda}]\right\} + \varepsilon_0 \mathrm{e}^{-E(t-t_0)/\lambda} \tag{3-15}$$

如果应力是在应变为零时 $(\varepsilon_0 = 0)$ 开始加载，并且 $t = \sigma/v$, $t_0 = 0$，此时式(3-15)将变成式(3-16)。图 3-7 为 Kelvin 固体在恒定应变率下的应力-应变曲线图，可以看到，曲线不断趋近于以 O_i 为原点，与水平轴 $y = \lambda v_s/E$ 存在一个 $\arctan E$ 角度，即

$$\varepsilon = \frac{\sigma}{E}\left\{1 - \frac{\lambda v_s}{E\sigma}[1-\mathrm{e}^{-E\sigma/(\lambda v_s)}]\right\} \tag{3-16}$$

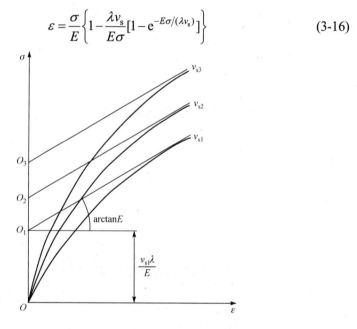

图 3-7　Kelvin 固体在恒定应变率下的应力-应变曲线

3.2.2　Maxwell 模型

图 3-8(a)为 Maxwell 黏弹性体的流变模型，其是由胡克弹性元件和牛顿黏性单元串联组成的，其相应的结构模型可以表示为

$$M = H - N \tag{3-17}$$

Maxwell 模型中，其应变率符合串联的叠加定律：

$$\frac{\mathrm{d}\varepsilon}{\mathrm{d}t} = \frac{1}{E}\frac{\mathrm{d}\sigma}{\mathrm{d}t} + \frac{\sigma}{\lambda} \tag{3-18}$$

如果应力为恒定值 $\sigma = \sigma_0$，那么可以得到应变关系为

$$\varepsilon = \frac{\sigma_0}{E} + \frac{\sigma_0 t}{\lambda} \tag{3-19}$$

式(3-19)定义了蠕变关系，如图 3-8(b)所示。式中，等号右边的第一项代表当移去外力后，弹性应变会立即消失；第二项表示相应的黏性应变，在卸载过程中并不会立即全部产生而是逐渐增加。

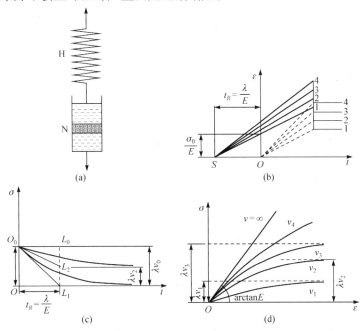

图 3-8　Maxwell 黏弹性模型的蠕变、松弛和应力-应变关系示意图

对于给定应变率的条件下，对微分方程(3-18)进行积分得到关于应力的关系式如下：

$$\sigma = \mathrm{e}^{-Et/\lambda}\left(E\int_{t_0}^{t}\frac{\mathrm{d}\varepsilon}{\mathrm{d}\tau}\mathrm{d}\tau + \sigma_0\mathrm{e}^{Et_0/\lambda} \right) \tag{3-20}$$

式中，σ_0 为在时间 t_0 的应力。

当应变率为一个定值 $v = \mathrm{d}\varepsilon/\mathrm{d}t = \varepsilon/t$，$t_0 = 0$ 时，方程(3-20)变为

$$\sigma = \lambda v(1 - \mathrm{e}^{Et/\lambda}) + \sigma_0\mathrm{e}^{-Et/\lambda} = \sigma_0\left[\frac{\lambda}{Et} + \left(1 - \frac{\lambda}{Et}\right)\mathrm{e}^{-Et/\lambda} \right] \tag{3-21}$$

式(3-21)给出了应力在恒定应变率下的变化关系，相应的应力-时间曲线如

图 3-8(c)所示。这些曲线不断接近水平渐近线 $\sigma_\infty = \lambda v$。若应变率为零，则式(3-21)变为

$$\sigma = \sigma_0 e^{-Et/\lambda} \tag{3-22}$$

式(3-22)表示材料松弛行为，即在恒应变条件下应力逐渐降低。若松弛时间无限长，则应力将趋于零。

$$t_R = \frac{\lambda}{E} \tag{3-23}$$

式(3-23)表示松弛时间。从图 3-8(c)可以看到，当时间 $t = \varepsilon/v$、$\sigma_0 = 0$ 时，式(3-21)给出在恒定应变率下的应力-应变关系为

$$\sigma = \lambda v[1 - e^{-E\varepsilon/(\lambda v)}] \tag{3-24}$$

对于不同的应变率 v_i，其应力-应变曲线如图 3-8(d)所示。当应变 $\varepsilon \to \infty$ 时，曲线将无限趋近于距应变轴距离为 λv_i 的水平线。ε 为自变量，对式(3-24)取微分：

$$\frac{\mathrm{d}\sigma}{\mathrm{d}\varepsilon} = E e^{-E\varepsilon/(\lambda v)} \tag{3-25}$$

若 $\varepsilon = 0$，则式(3-25)变为

$$\left(\frac{\mathrm{d}\sigma}{\mathrm{d}\varepsilon}\right)_0 = E \tag{3-26}$$

式(3-26)表示所有的应力-应变曲线在开始处具有相同的正切值 E。若应变率为无限大，则根据式(3-24)可以得到弹性法则：

$$\sigma = \lambda \lim_{v \to \infty} v(1 - e^{-Et/\lambda}) = \lambda \lim_{v \to \infty} \frac{1}{1/v}[1 - e^{-E\varepsilon/(\lambda v)}]$$

$$= \lambda \lim_{v \to \infty} \frac{1}{-1/v^2} \frac{E\varepsilon}{\lambda v^2}[1 - e^{E\varepsilon/(\lambda v)}] = E\varepsilon \tag{3-27}$$

3.2.3　Poynting-Thompson 模型

流变模型 Poynting-Thompson 是一个三元模型，其结构可由式(3-28)表示，本模型多用于滞弹性材料。

$$\mathrm{PTh} = \mathrm{H}_1 - \mathrm{H}_2 \,|\, \mathrm{N} = \mathrm{H}_1 - \mathrm{K} \tag{3-28}$$

其示意图如图 3-9(a)所示。模型由弹性元件 H_1 和一个组合元件 $\mathrm{H}_2 \,|\, \mathrm{N}$ 串联得到，模型中两部分所受到的应力相同，总应变是两部分的应变之和，即

$$\sigma = E_1\varepsilon_1 = E_2\varepsilon_2 + \lambda\frac{\mathrm{d}\varepsilon_2}{\mathrm{d}t}, \quad \varepsilon = \varepsilon_1 + \varepsilon_2 \tag{3-29}$$

利用式(3-29)的关系式，消掉 ε_1 和 ε_2，并将得到的关系式取微分：

$$\frac{\lambda}{E_1}\frac{\mathrm{d}\sigma}{\mathrm{d}t}+\left(1+\frac{E_2}{E_1}\right)\sigma=E_2\varepsilon+\lambda\frac{\mathrm{d}\varepsilon}{\mathrm{d}t} \tag{3-30}$$

当应力为恒定值时，等式(3-30)左边第一项将消掉，求解得到的微分方程即滞弹性变形的关系为

$$\varepsilon=\left(\frac{\sigma_0}{E_1}+\frac{\sigma_0}{E_2}\right)[1-\mathrm{e}^{-E_2(t-t_0)/\lambda}]+\frac{\sigma_0}{E_1}\mathrm{e}^{-E_2(t-t_0)/\lambda} \tag{3-31}$$

其中，$\varepsilon_0=\sigma_0/E_1$ 是在时间为 t_0 时的初始应变，此关系式类似于 Kelvin 固体中的式(3-13)。

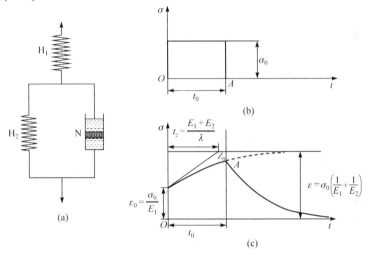

图 3-9　Poynting-Thompson 模型及其延迟弹性示意图

对于恒定应变 ε_0，式(3-30)中等号右边第二项等于零，此时可以得到应力松弛方程：

$$\sigma=\varepsilon_0\frac{E_1E_2}{E_1+E_2}[1-\mathrm{e}^{-(E_1+E_2)(t-t_0)/\lambda}]+\sigma_0\mathrm{e}^{-(E_1+E_2)(t-t_0)/\lambda} \tag{3-32}$$

在给定应变和应变率的情况下，式(3-30)变为

$$\sigma=\mathrm{e}^{-(E_1+E_2)t/\lambda}\left[\sigma_0\mathrm{e}^{(E_1+E_2)t/\lambda}+E_1\int_{t_0}^{t}\left(\frac{E_2\varepsilon}{\lambda}+\frac{\mathrm{d}\varepsilon}{\mathrm{d}\tau}\right)\mathrm{e}^{(E_1+E_2)\tau/\lambda}\mathrm{d}\tau\right] \tag{3-33}$$

类似地，也可以得到应变的关系式：

$$\varepsilon=\mathrm{e}^{-E_2t/\lambda}\left\{\varepsilon_0\mathrm{e}^{E_2t/\lambda}+\int_{t_0}^{t}\left[\frac{1}{\lambda}\left(1+\frac{E_2}{E_1}\right)\sigma+\frac{1}{E_1}\frac{\mathrm{d}\sigma}{\mathrm{d}\tau}\right]\mathrm{e}^{E_2\tau/\lambda}\mathrm{d}\tau\right\} \tag{3-34}$$

3.2.4　Bingham 黏弹塑性模型

Bingham 模型具有类似于 Maxwell 黏弹性液体的流变学特性，但符合 Bingham 模型的通常是固体，与 Maxwell 黏弹性液体不同之处在于，当材料达到极限应力 σ_v 后才开始发生流动变形，这类物质在塑性屈服前是弹性状态，进入塑性后出现塑性或黏性变形，称为黏弹塑性体。因此，Bingham 模型是黏弹塑性模型的一种，图 3-10(a)和(b)是其结构示意图的两种表示方法，表示为

$$B = H - N \,|\, STV \tag{3-35}$$

$$B = H - VL \tag{3-36}$$

根据三组元各个元件的连接关系，其应变率的关系如下：

$$\frac{\mathrm{d}\varepsilon}{\mathrm{d}t} = \frac{1}{E}\frac{\mathrm{d}\sigma}{\mathrm{d}t} + \frac{\sigma - \sigma_v}{\lambda} \tag{3-37}$$

在给定一个恒定应力 σ_0 下，可以得到蠕变关系式：

$$\varepsilon = \frac{\sigma_0}{E} + \frac{\sigma_0 - \sigma_v}{\lambda}t \tag{3-38}$$

对于不同的恒定应力 σ_0，可以得到一系列斜率为 $\sigma_0 - \sigma_v / \lambda$ 的蠕变直线，这些直线有一个共同的交点 S，其坐标为 $-t_R = \lambda/E$ 和 σ_v，如图 3-10(c)所示。

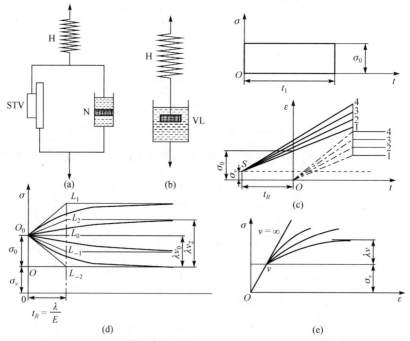

图 3-10　Bingham 模型的结构图，蠕变、松弛、应力-应变关系曲线

对方程(3-37)进行积分，得到关于应力的表达式：

$$\sigma = \sigma_v + e^{-Et/\lambda}\left[(\sigma_0 - \sigma_v)e^{Et_0/\lambda} + E\int_{t_0}^{t}\frac{d\varepsilon}{d\tau}e^{E\tau/\lambda}d\tau\right] \qquad (3\text{-}39)$$

式中，σ_0 是在 t_0 时的初始应力，对于恒定应变率 $v = d\varepsilon/dt = \varepsilon_0/t$ 以及在 $t_0 = 0$ 时，方程(3-39)变为

$$\sigma = \sigma_v + (\sigma_0 - \sigma_v)e^{Et/\lambda} + \lambda v(1 - e^{-Et/\lambda}) \qquad (3\text{-}40)$$

图 3-10(d)为关系式(3-40)的示意图，对于初始应力为 σ_0 时，存在应变率 $v_0 = \sigma_0/\lambda$ 使应力维持一个恒定值。当 $v > v_0$ 时，应力逐渐增加，当 $v < v_0$ 时，应力逐渐减小，如图 3-10(d)所示。当时间逐渐增加时，应力值将逐渐趋近于一条距 $\sigma = 0$ 为 $\sigma_v + \lambda v$ 的水平线。

当应变率为零时，方程(3-40)变为表示应力松弛的关系式：

$$\sigma = \sigma_v + (\sigma_0 - \sigma_v)e^{-Et/\lambda} \qquad (3\text{-}41)$$

式(3-41)有一水平渐近线 $\sigma_\infty = \sigma_v$，并且松弛时间为 $t_R = E/\lambda$。

将 $v = \varepsilon/t$、$t = \varepsilon/v$ 以及 $\sigma_0 = 0$ 代入式(3-40)，可以得到在恒定应变率下的应力-应变关系：

$$\sigma = \sigma_v + \lambda v[1 - e^{-E\varepsilon/(\lambda v)}] \qquad (3\text{-}42)$$

由关系式可以看出，当应力超过材料的弹性极限时，不同的应变率存在一个共同的起始点 v，当低于这一点时，Bingham 体则表现出弹性固体的性质，胡克定律以直线表示，即在点 v 处所有的应力-应变曲线均有共同的切线，如图 3-10(e)所示。

3.3 多维流变模型

3.3.1 二维黏弹性流变模型

简单正交黏弹性固体二维应力状态的本构方程可以基于正交二维流变模型推导出来。这种模型由一个胡克弹性矩形区与一个牛顿黏性矩形区组成，如图 3-11 所示，它相当于黏弹性固体中应力平面的一个单位面积。与单轴流变模型对比，这个单位面积在弹性区和黏性区的分布比例可用特征正交二维流变模型长度 α_1、α_2、β_1 和 β_2 表征。对于黏弹性固体的非均一性，也可用同样的方法来表示。

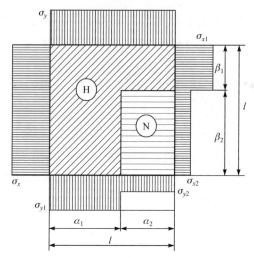

图 3-11　简单正交黏弹性固体的正交二维流变模型

在 x 轴方向上的应变 ε_x 由弹性分量 ε_{x1} 和黏性分量 ε_{x2} 按式(3-43)组成：

$$\varepsilon_x = \alpha_1 \varepsilon_{x1} + \alpha_2 \varepsilon_{x2} \tag{3-43}$$

同理，y 轴方向上的应变可表示为

$$\varepsilon_y = \beta_1 \varepsilon_{y1} + \beta_2 \varepsilon_{y2} \tag{3-44}$$

简单起见，假设 z 轴方向上，即垂直于应力平面的方向上，两个区域均无变形，则作用于弹性区和黏性区的应力分量组成的合应力 σ_x 和 σ_y 为

$$\begin{cases} \sigma_x = \beta_1 \sigma_{x1} + \beta_2 \sigma_{x2} & (3\text{-}45) \\ \sigma_y = \alpha_1 \sigma_{y1} + \alpha_2 \sigma_{y2} & (3\text{-}46) \end{cases}$$

假设弹性区的变形服从广义胡克定律(generalized Hook's law)

$$\varepsilon_x = a_{11}\sigma_x + a_{12}\sigma_y, \quad \varepsilon_y = a_{21}\sigma_x + a_{22}\sigma_y, \quad \varepsilon_{xy} = a_{33}\sigma_{xy} \tag{3-47}$$

黏性区的变形服从广义牛顿定律：

$$\frac{\mathrm{d}\varepsilon_x}{\mathrm{d}t} = b_{11}\sigma_x + b_{12}\sigma_y, \quad \frac{\mathrm{d}\varepsilon_y}{\mathrm{d}t} = b_{21}\sigma_x + b_{22}\sigma_y, \quad \frac{\mathrm{d}\varepsilon_{xy}}{\mathrm{d}t} = b_{33}\sigma_{xy} \tag{3-48}$$

在弹性区域和黏性区域，根据区间内聚性条件，要求两相邻区的应变及应变率相等。因此，整个流变区内应力引起的应变，在弹性区和黏性区分别是

$$\begin{cases} \varepsilon_{x1} = a_{11}\sigma_x + a_{12}(\beta_1\sigma_y + \beta_2\sigma_{y1}) \\ \varepsilon_{y1} = a_{21}(\alpha_1\sigma_x + \alpha_2\sigma_{x1}) + a_{22}\sigma_y \end{cases} \tag{3-49}$$

而应变率分别为

$$\frac{\mathrm{d}\varepsilon_{x2}}{\mathrm{d}t} = a_{11}\frac{\mathrm{d}\sigma_{x1}}{\mathrm{d}t} + a_{12}\frac{\mathrm{d}\sigma_{x2}}{\mathrm{d}t} = b_{11}\sigma_{x2} + b_{12}\sigma_{y2} \tag{3-50}$$

$$\frac{\mathrm{d}\varepsilon_{y2}}{\mathrm{d}t} = a_{21}\frac{\mathrm{d}\sigma_x}{\mathrm{d}t} + a_{22}\frac{\mathrm{d}\sigma_{y1}}{\mathrm{d}t} = b_{21}\sigma_{x2} + b_{22}\sigma_{y2} \tag{3-51}$$

由式(3-45)和式(3-46)可知

$$\sigma_{x2} = \frac{\sigma_x - \beta_1\sigma_{x1}}{\beta_2}, \quad \sigma_{y2} = \frac{\sigma_y - \alpha_1\sigma_{y1}}{\alpha_2} \tag{3-52}$$

把式(3-52)代入式(3-50)式(3-51)，得

$$\left(\frac{\beta_1}{\beta_2}b_{11} + a_{11}\frac{\mathrm{d}}{\mathrm{d}t}\right)\sigma_{x1} + \frac{\alpha_1}{\alpha_2}b_{12}\sigma_{y1} = \frac{b_{11}}{\beta_2}\sigma_x + \left(\frac{b_{12}}{\alpha_2} - a_{12}\frac{\mathrm{d}}{\mathrm{d}t}\right)\sigma_y \tag{3-53}$$

$$\frac{\beta_1}{\beta_2}b_{21}\sigma_{x1} + \left(\frac{\alpha_1}{\alpha_2}b_{22} + a_{22}\frac{\mathrm{d}}{\mathrm{d}t}\right)\sigma_{y1} = \left(\frac{b_{21}}{\beta_2} - a_{21}\frac{\mathrm{d}}{\mathrm{d}t}\right)\sigma_x + \frac{b_{22}}{\alpha_2}\sigma_y \tag{3-54}$$

联立解之，得整个模型的分量 σ_{x1} 和 σ_{y1} 分别为

$$\sigma_{x1} = \tilde{H}^{-1}\left\{\left(\frac{\alpha_1}{\alpha_2}b_{22} + a_{22}\frac{\mathrm{d}}{\mathrm{d}t}\right)\left[\frac{b_{11}}{\beta_2}\sigma_x + \left(\frac{b_{12}}{\alpha_2} - a_{12}\frac{\mathrm{d}}{\mathrm{d}t}\right)\sigma_y\right]\right.$$
$$\left. - \frac{\alpha_1}{\alpha_2}b_{12}\left[\left(\frac{b_{21}}{\beta_2} - a_{21}\frac{\mathrm{d}}{\mathrm{d}t}\right)\sigma_x + \frac{b_{22}}{\alpha_2}\sigma_y\right]\right\} \tag{3-55}$$

$$\sigma_{y1} = \tilde{H}^{-1}\left\{\left(\frac{\beta_1}{\beta_2}b_{11} + a_{11}\frac{\mathrm{d}}{\mathrm{d}t}\right)\left[\left(\frac{b_{21}}{\beta_2} - a_{21}\frac{\mathrm{d}}{\mathrm{d}t}\right)\sigma_x + \frac{b_{22}}{\alpha_2}\sigma_y\right]\right.$$
$$\left. - \frac{\beta_1}{\beta_2}b_{21}\left[\frac{b_{11}}{\beta_2}\sigma_x + \left(\frac{b_{12}}{\alpha_2} - a_{12}\frac{\mathrm{d}}{\mathrm{d}t}\right)\sigma_y\right]\right\} \tag{3-56}$$

式中，算子 $\tilde{H}^{-1}$ 是下列二阶微分算子的逆式：

$$\tilde{H} = \left(\frac{\beta_1}{\beta_2}b_{11} + a_{11}\frac{\mathrm{d}}{\mathrm{d}t}\right)\left(\frac{\alpha_1}{\alpha_2}b_{22} + a_{22}\frac{\mathrm{d}}{\mathrm{d}t}\right) - \frac{\alpha_1\beta_1}{\alpha_2\beta_2}b_{12}^2 \tag{3-57}$$

将式(3-49)第一式和式(3-50)代入式(3-43)，得

$$\varepsilon_x = \alpha_1\left[a_{11}\sigma_x + a_{12}(\beta_1\sigma_y + \beta_2\sigma_{y1})\right] + \alpha_2(a_{11}\sigma_{x1} + a_{12}\sigma_y) \tag{3-58}$$

同样，由式(3-49)第二式和式(3-51)及式(3-44)可得

$$\varepsilon_y = \beta_1\left[a_{22}\sigma_y + a_{21}(\alpha_1\sigma_x + \alpha_2\sigma_{x1})\right] + \beta_2(a_{22}\sigma_{y1} + a_{21}\sigma_x) \tag{3-59}$$

将式(3-55)和式(3-56)代入式(3-58)和式(3-59)得

$$
\begin{cases}
\varepsilon_x = \tilde{H}^{-1}(\tilde{K}_{11}\sigma_x + \tilde{K}_{12}\sigma_y) \\
\varepsilon_y = \tilde{H}^{-1}(\tilde{K}_{21}\sigma_x + \tilde{K}_{22}\sigma_y)
\end{cases}
\tag{3-60}
$$

式中

$$
\tilde{K}_{11} = a_{11}\left[\alpha_1\tilde{H} + \frac{\alpha_2}{\beta_2}b_{11}\left(\frac{\alpha_1}{\alpha_2}b_{22} + a_{22}\frac{\mathrm{d}}{\mathrm{d}t}\right) - \alpha_1 b_{12}\left(\frac{b_{21}}{\beta_2} - a_{21}\frac{\mathrm{d}}{\mathrm{d}t}\right)\right]
$$
$$
+ \alpha_1\beta_1 a_{12}\left(\frac{\beta_1}{\beta_2}b_{11} + a_{11}\frac{\mathrm{d}}{\mathrm{d}t}\right)\left(\frac{b_{21}}{\beta_2} - a_{21}\frac{\mathrm{d}}{\mathrm{d}t}\right) - \alpha_1\beta_1 a_{12}b_{11}b_{21}
\tag{3-61}
$$

$$
\tilde{K}_{12} = (\alpha_1\beta_1 + \alpha_2)a_{12}\tilde{H} + a_{12}\left(\alpha_1 b_{22} + \alpha_2 a_{22}\frac{\mathrm{d}}{\mathrm{d}t}\right)\left(\frac{b_{12}}{\alpha_2} - a_{12}\frac{\mathrm{d}}{\mathrm{d}t}\right)
$$
$$
- \frac{\alpha_1}{\alpha_2}a_{11}b_{12}b_{22} + \frac{\alpha_1}{\alpha_2}a_{12}b_{22}\left(\beta_1 b_{11} + \beta_2 a_{11}\frac{\mathrm{d}}{\mathrm{d}t}\right) - \alpha_1\beta_1 a_{12}b_{21}\left(\frac{b_{12}}{\alpha_2} - a_{12}\frac{\mathrm{d}}{\mathrm{d}t}\right)
\tag{3-62}
$$

$$
\tilde{K}_{21} = (\alpha_1\beta_1 + \beta_2)a_{21}\tilde{H} + a_{22}\left(\beta_1 b_{11} + \beta_2 a_{11}\frac{\mathrm{d}}{\mathrm{d}t}\right)\left(\frac{b_{21}}{\beta_2} - a_{21}\frac{\mathrm{d}}{\mathrm{d}t}\right)
$$
$$
- \frac{\beta_1}{\beta_2}a_{22}b_{11}b_{21} + \frac{\beta_1}{\beta_2}a_{21}b_{11}\left(\alpha_1 b_{22} + \alpha_2 a_{22}\frac{\mathrm{d}}{\mathrm{d}t}\right) - \alpha_1\beta_1 a_{21}b_{12}\left(\frac{b_{21}}{\beta_2} - a_{21}\frac{\mathrm{d}}{\mathrm{d}t}\right)
\tag{3-63}
$$

$$
\tilde{K}_{22} = a_{22}\left[\beta_1\tilde{H} + \frac{\beta_2}{\alpha_2}b_{22}\left(\frac{\beta_1}{\beta_2}b_{11} + a_{11}\frac{\mathrm{d}}{\mathrm{d}t}\right) - \beta_1 b_{21}\left(\frac{b_{21}}{\alpha_2} - a_{12}\frac{\mathrm{d}}{\mathrm{d}t}\right)\right]
$$
$$
+ \alpha_2\beta_1 a_{21}\left(\frac{\alpha_1}{\alpha_2}b_{22} + a_{22}\frac{\mathrm{d}}{\mathrm{d}t}\right)\left(\frac{b_{12}}{\alpha_2} - a_{12}\frac{\mathrm{d}}{\mathrm{d}t}\right) - \alpha_1\beta_1 a_{21}b_{12}b_{22}
\tag{3-64}
$$

这样，由式(3-57)和式(3-60)得

$$
\frac{\mathrm{d}^2\varepsilon_x}{\mathrm{d}t^2} + \left(\frac{\beta_1 b_{11}}{\beta_2 a_{11}} + \frac{\alpha_1 b_{22}}{\alpha_2 a_{22}}\right)\frac{\mathrm{d}\varepsilon_x}{\mathrm{d}t} + \frac{\alpha_1\beta_1}{\alpha_2\beta_2}\frac{b_{11}b_{22} - b_{12}^2}{a_{11}a_{22}}\varepsilon_x = \frac{1}{a_{11}a_{22}}(\tilde{K}_{11}\sigma_x + \tilde{K}_{12}\sigma_y)
\tag{3-65}
$$

$$
\frac{\mathrm{d}^2\varepsilon_y}{\mathrm{d}t^2} + \left(\frac{\beta_1 b_{11}}{\beta_2 a_{11}} + \frac{\alpha_1 b_{22}}{\alpha_2 a_{22}}\right)\frac{\mathrm{d}\varepsilon_y}{\mathrm{d}t} + \frac{\alpha_1\beta_1}{\alpha_2\beta_2}\frac{b_{11}b_{22} - b_{12}^2}{a_{11}a_{22}}\varepsilon_y = \frac{1}{a_{11}a_{22}}(\tilde{K}_{21}\sigma_x + \tilde{K}_{22}\sigma_y)
\tag{3-66}
$$

以 ε_{x0} 和 ε_{y0} 表示初始应变，$\dfrac{\mathrm{d}\varepsilon_{x0}}{\mathrm{d}t}$ 和 $\dfrac{\mathrm{d}\varepsilon_{y0}}{\mathrm{d}t}$ 表示初始应变率，解以上两个方程，最终得到

$$\varepsilon_x = \frac{\exp(L_1 t)}{L_1 - L_2}\left[\int_{t_0}^{t}(\tilde{K}_{11}\sigma_x + \tilde{K}_{12}\sigma_y)\exp(-L_1 t')\mathrm{d}t' + \left(L_2\varepsilon_{x0} - \frac{\mathrm{d}\varepsilon_{x0}}{\mathrm{d}t}\right)\exp(-L_1 t_0)\right]$$

$$+ \frac{\exp(L_2 t)}{L_2 - L_1}\left[\int_{t_0}^{t}(\tilde{K}_{11}\sigma_x + \tilde{K}_{12}\sigma_y)\exp(-L_2 t')\mathrm{d}t' + \left(L_1\varepsilon_{x0} - \frac{\mathrm{d}\varepsilon_{x0}}{\mathrm{d}t}\right)\exp(-L_2 t_0)\right]$$

$$(3\text{-}67)$$

$$\varepsilon_y = \frac{\exp(L_1 t)}{L_1 - L_2}\left[\int_{t_0}^{t}(\tilde{K}_{21}\sigma_x + \tilde{K}_{22}\sigma_y)\exp(-L_1 t')\mathrm{d}t' + \left(L_2\varepsilon_{y0} - \frac{\mathrm{d}\varepsilon_{y0}}{\mathrm{d}t}\right)\exp(-L_1 t_0)\right]$$

$$+ - \frac{\exp(L_2 t)}{L_2 - L_1}\left[\int_{t_0}^{t}(\tilde{K}_{21}\sigma_x + \tilde{K}_{22}\sigma_y)\exp(-L_2 t')\mathrm{d}t' + \left(L_1\varepsilon_{y0} - \frac{\mathrm{d}\varepsilon_{y0}}{\mathrm{d}t}\right)\exp(-L_2 t_0)\right]$$

$$(3\text{-}68)$$

$$L_{1,2} = -\frac{1}{2}\left(\frac{\beta_1 b_{11}}{\beta_2 a_{11}} - \frac{\alpha_1 b_{22}}{\alpha_2 a_{22}}\right) \pm \frac{1}{2}\sqrt{\left(\frac{\beta_1 b_{11}}{\beta_2 a_{11}} - \frac{\alpha_1 b_{22}}{\alpha_2 a_{22}}\right)^2 - \frac{4\alpha_1 \beta_1 b_{12}^2}{\alpha_2 \beta_2 a_{11} a_{22}}} \qquad (3\text{-}69)$$

同样，根据式(3-60)，可得应力方程：

$$\begin{cases} \sigma_x = \tilde{N}^{-1}\tilde{H}(\tilde{K}_{22}\varepsilon_x - \tilde{K}_{12}\varepsilon_y) \\ \sigma_y = \tilde{N}^{-1}\tilde{H}(\tilde{K}_{11}\varepsilon_y - \tilde{K}_{21}\varepsilon_x) \end{cases} \qquad (3\text{-}70)$$

式中，$\tilde{N}^{-1}$ 是下列四阶微分算子的逆式：

$$\tilde{N} = \tilde{K}_{11}\tilde{K}_{22} - \tilde{K}_{12}\tilde{K}_{21} \qquad (3\text{-}71)$$

由此可见，二维模型具有下列特点：

(1) 很小的黏性区可表明很大的滞弹性效应；

(2) 黏性区内发生应力松弛时，弹性区内将产生高度的应力集中；

(3) 松弛谱的"强度"随松弛时间的增长而增大或保持不变。

3.3.2　正交各向异性黏弹性模型

1. 对称变形

假设流变区面积表明的剪切变形是对称的，则根据图 3-11，弹性区的剪切应力为 $\sigma_{xy1} = \sigma_{yx1}$，黏性区的剪切应力 $\sigma_{xy2} = \sigma_{yx2}$，从而有

$$\sigma_{xy} = \sigma_{yx} = (1 - \alpha_2\beta_2)\sigma_{xy1} + \alpha_2\beta_2\sigma_{xy2} \qquad (3\text{-}72)$$

将其代入式(3-47)第三式和式(3-48)第三式，得

$$\sigma_{xy} = (1 - \alpha_2\beta_2)a_{33}\varepsilon_{xy} + \alpha_2\beta_2 b_{33}\frac{\mathrm{d}\varepsilon_{xy}}{\mathrm{d}t} \qquad (3\text{-}73)$$

从而得到

$$\varepsilon_{xy} = \exp(-L_{xy}t)\left[\int_{t_0}^{t} \frac{\sigma_{xy}}{\alpha_2\beta_2 b_{33}}\exp(L_{xy}t')\mathrm{d}t' + \varepsilon_{xy0}\exp(L_{xy}t_0)\right] \tag{3-74}$$

$L_{xy} = \dfrac{(1-\alpha_2\beta_2)a_{33}}{\alpha_2\beta_2 b_{33}} = \dfrac{(1-\alpha_2\beta_2)G}{\alpha_2\beta_2\eta}$ 是剪切推迟时间的逆式，ε_{xy0} 表示剪切初始应变。

若受剪切作用而平面仅表现为纯弯曲，则

$$\begin{cases} \varepsilon_{yx} = \beta_1\varepsilon_{yx1} + \beta_2\varepsilon_{yx2} \\ \varepsilon_{xy} = \alpha_1\varepsilon_{xy1} + \alpha_2\varepsilon_{xy2} \end{cases} \tag{3-75}$$

相应的剪切应力为

$$\begin{cases} \sigma_{yx} = \alpha_1\sigma_{yx1} + \alpha_2\sigma_{yx2} \\ \sigma_{xy} = \beta_1\sigma_{xy1} + \beta_2\sigma_{xy2} \end{cases} \tag{3-76}$$

这些方程表明，在 x 轴和在 y 轴方向上的应变或应力是不同的，如图 3-12 所示。

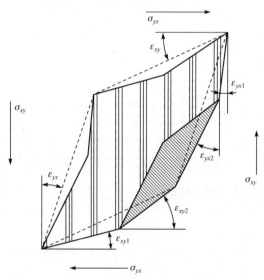

图 3-12　剪切作用下正交各向异性二维流变模型

2. 非对称变形

由非对称剪切作用引起的应变分量和应力分量间的关系为

$$\begin{cases} \varepsilon_{yx1} = a_{33}\sigma_{yx} \\ \varepsilon_{yx2} = a_{33}\sigma_{yx1} \end{cases} \tag{3-77}$$

$$\frac{\mathrm{d}\varepsilon_{yx2}}{\mathrm{d}t} = b_{33}\sigma_{yx2} \tag{3-78}$$

$$\begin{cases} \varepsilon_{xy1} = a_{33}\sigma_{xy} \\ \varepsilon_{xy2} = a_{33}\sigma_{xy1} \end{cases} \tag{3-79}$$

$$\frac{\mathrm{d}\varepsilon_{xy2}}{\mathrm{d}t} = b_{33}\sigma_{xy2} \tag{3-80}$$

比较式(3-77)和式(3-78)，得

$$a_{33}\frac{\mathrm{d}\sigma_{yx1}}{\mathrm{d}t} = b_{33}\sigma_{yx2} \tag{3-81}$$

把式(3-81)中的 σ_{yx2} 代入式(3-76)第一式，得

$$a_{33}\frac{\mathrm{d}\sigma_{yx1}}{\mathrm{d}t} + \frac{\alpha_1 b_{33}}{\alpha_2}\sigma_{yx1} = \frac{b_{33}}{\alpha_2}\sigma_{yx} \tag{3-82}$$

对微分方程(3-82)进行求解，得到其解为

$$\sigma_{yx1} = \exp(-L_{yx}t)\left[\int_{t_0}^{t}\frac{b_{33}}{\alpha_2 a_{33}}\sigma_{yx}\exp(L_{yx}t')\mathrm{d}t' + \sigma_{yx10}\exp(L_{yx}t_0)\right] \tag{3-83}$$

式中

$$L_{yx} = \frac{\alpha_1 b_{33}}{\alpha_2 a_{33}} = \frac{\alpha_1 G}{\alpha_2 \eta} \tag{3-84}$$

是推迟时间的逆式，σ_{yx10} 表示 x 方向上的剪切初始应力分量，把式(3-77)和式(3-83)代入式(3-75)第一式，得到横向剪切的应力-应变关系式为

$$\varepsilon_{yx} = a_{33}\left\{\beta_1\sigma_{yx} + \beta_2\exp(-L_{yx}t)\left[\int_{t_0}^{t}\frac{b_{33}}{\alpha_2 a_{33}}\sigma_{yx}\exp(L_{yx}t')\mathrm{d}t' + \sigma_{yx10}\exp(L_{yx}t_0)\right]\right\} \tag{3-85}$$

根据式(3-79)和式(3-80)直接得到 σ_{xy1} 和 σ_{xy2} 间的关系为

$$a_{33}\frac{\mathrm{d}\sigma_{xy1}}{\mathrm{d}t} = b_{33}\sigma_{xy2} \tag{3-86}$$

把式(3-86)中的 σ_{xy2} 代入式(3-76)第二式，得

$$a_{33}\frac{\mathrm{d}\sigma_{xy1}}{\mathrm{d}t} + \frac{\beta_1 b_{33}}{\beta_2}\sigma_{xy1} = \frac{b_{33}}{\beta_2}\sigma_{xy} \tag{3-87}$$

对式(3-87)进行求解，得到

$$\sigma_{xy1} = \exp(-L_{xy}t)\left[\int_{t_0}^{t}\frac{b_{33}}{\beta_2 a_{33}}\sigma_{xy}\exp(L_{xy}t')\mathrm{d}t' + \sigma_{xy10}\exp(L_{xy}t_0)\right] \quad (3\text{-}88)$$

式中，$L_{xy} = \dfrac{\beta_1 b_{33}}{\beta_2 a_{33}} = \dfrac{\beta_1 G}{\beta_2 \eta}$。

将式(3-79)和式(3-88)代入式(3-77)第二式，得到纵向剪切的应力-应变关系式为

$$\varepsilon_{xy} = a_{33}\left\{\alpha_1\sigma_{xy} + \alpha_2\exp(-L_{xy}t)\left[\int_{t_0}^{t}\frac{b_{33}}{\beta_2 a_{33}}\sigma_{xy}\exp(L_{xy}t')\mathrm{d}t' + \sigma_{xy10}\exp(L_{xy}t_0)\right]\right\}$$

$$(3\text{-}89)$$

3.3.3　多孔正交黏弹性模型

多孔正交黏弹性的二维流变模型如图 3-13 所示，它由一个胡克弹性区、一个牛顿黏性区和一个空白区组成。空白区表明材料因微孔弱化，各区的分布是以其自身的特征长度表示的。这些特征长度是 α_1、α_2、β_1、β_2、ξ、ζ、ξ_1、ξ_2、ζ_1、ζ_2。据前所述，空白区的弹性区内，在横向与纵向应力作用下产生的应变为

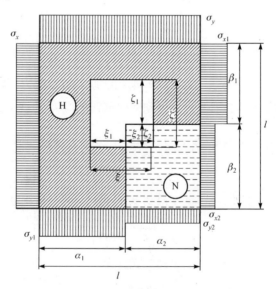

图 3-13　多孔正交黏弹性体的二维流变模型

$$\varepsilon_{x1} = \frac{1}{\alpha_1}\left(\alpha_1 - \xi_1 + \frac{\xi_1}{1-\zeta}\right)a_{11}\sigma_x + a_{12}\left[\left(\beta_1 - \zeta_1 + \frac{\zeta_1}{1-\xi}\right)\sigma_y + \left(\beta_2 - \zeta_2 + \frac{\zeta_2}{\alpha_1 - \xi_1}\right)\sigma_{y1}\right]$$

$$(3\text{-}90)$$

$$\varepsilon_{y1} = a_{21}\left[\left(\alpha_1 - \xi_1 + \frac{\xi_1}{1-\zeta}\right)\sigma_x + \left(\alpha_2 - \xi_2 + \frac{\xi_2}{\beta_1 - \zeta_1}\right)\sigma_{x1}\right] + \frac{1}{\beta_1}\left(\beta_1 - \zeta_1 - \frac{\zeta_1}{1-\xi}\right)a_{22}\sigma_y$$

$$(3\text{-}91)$$

黏性区产生的应变速度则为

$$\frac{d\varepsilon_{x2}}{dt} = \frac{1}{\alpha_2}\left(\alpha_2 - \xi_2 + \frac{\xi_2}{\beta_1 - \zeta_1}\right)a_{11}\frac{d\sigma_{x1}}{dt} + \frac{1}{\beta_1}\left(\beta_1 - \zeta_1 + \frac{\zeta_1}{1-\xi}\right)a_{12}\frac{d\sigma_y}{dt}$$

$$= \frac{1}{\alpha_2}\left(\alpha_2 - \xi_2 + \frac{\xi_2}{\beta_2 - \zeta_2}\right)b_{11}\frac{d\sigma_{x2}}{dt} + \frac{1}{\beta_2}\left(\beta_2 - \zeta_2 + \frac{\zeta_2}{\alpha_2 - \xi_2}\right)b_{12}\frac{d\sigma_{y2}}{dt} \quad (3\text{-}92)$$

$$\frac{d\varepsilon_{y2}}{dt} = \frac{1}{\alpha_1}\left(\alpha_1 - \xi_1 + \frac{\xi_1}{1-\zeta}\right)a_{21}\frac{d\sigma_x}{dt} + \frac{1}{\beta_2}\left(\beta_2 - \zeta_2 + \frac{\zeta}{\alpha_1 - \xi_1}\right)a_{22}\frac{d\sigma_{y1}}{dt}$$

$$= \frac{1}{\alpha_2}\left(\alpha_2 - \xi_2 + \frac{\xi_2}{\beta_2 - \zeta_2}\right)b_{21}\frac{d\sigma_{x2}}{dt} + \frac{1}{\beta_2}\left(\beta_2 - \zeta_2 + \frac{\zeta_2}{\alpha_2 - \xi_2}\right)b_{22}\frac{d\sigma_{y2}}{dt} \quad (3\text{-}93)$$

方程(3-90)~(3-93)可简写为

$$\varepsilon_{x1} = R_{\alpha1}a_{11}\sigma_x + a_{12}(R_{\beta1}\beta_1\sigma_y + R_{\beta2}\beta_2\sigma_{y1}) \tag{3-94}$$

$$\varepsilon_{y1} = a_{21}(R_{\alpha1}\alpha_1\sigma_x + R_{\alpha2}\alpha_2\sigma_{x1}) + R_{\beta1}a_{22}\sigma_y \tag{3-95}$$

$$\frac{d\varepsilon_{x2}}{dt} = R_{\alpha2}a_{11}\frac{d\sigma_{x1}}{dt} + R_{\beta1}a_{12}\frac{d\sigma_y}{dt} = S_{\alpha2}b_{11}\frac{d\sigma_{x2}}{dt} + S_{\beta2}b_{12}\frac{d\sigma_{y2}}{dt} \tag{3-96}$$

$$\frac{d\varepsilon_{y2}}{dt} = R_{\alpha1}a_{21}\frac{d\sigma_x}{dt} + R_{\beta2}a_{22}\frac{d\sigma_{y1}}{dt} = S_{\alpha2}b_{21}\frac{d\sigma_{x2}}{dt} + S_{\beta2}b_{22}\frac{d\sigma_{y2}}{dt} \tag{3-97}$$

式中，$R_{\alpha1}$、$R_{\alpha2}$、$R_{\beta1}$、$R_{\beta2}$、$S_{\alpha2}$、$S_{\beta2}$ 均是表征多孔性力学响应的系数。将表征分量 σ_{x2} 和 σ_{y2} 的式(3-45)和式(3-46)代入式(3-96)和式(3-97)，可以得到

$$s_{x1} = \tilde{H}^{-1}\left\{\left(\frac{\alpha_1}{\alpha_2}S_{\beta2}b_{22} + R_{\beta2}a_{22}\frac{d}{dt}\right)\left[\frac{1}{\beta_2}S_{\alpha2}b_{11}s_x + \left(\frac{1}{\alpha_2}S_{\beta2}b_{12} - R_{\beta1}a_{12}\frac{d}{dt}\right)s_y\right]\right.$$

$$\left. - \frac{\alpha_1}{\alpha_2}S_{\beta2}b_{12}\left[\left(\frac{1}{\beta_2}S_{\alpha2}b_{21} - R_{\alpha1}a_{21}\frac{d}{dt}\right)s_x + \frac{1}{\alpha_2}S_{\beta2}b_{22}s_y\right]\right\}$$

$$(3\text{-}98)$$

$$s_{y1} = \tilde{H}^{-1} \left\{ \left(\frac{\beta_1}{\beta_2} S_{\alpha 2} b_{11} + R_{\alpha 2} a_{11} \frac{\mathrm{d}}{\mathrm{d}t} \right) \left[\left(\frac{1}{\beta_2} S_{\alpha 2} b_{21} - R_{\alpha 1} a_{21} \frac{\mathrm{d}}{\mathrm{d}t} \right) s_x + \frac{1}{\alpha_2} S_{\beta 2} b_{22} s_y \right] \right.$$

$$\left. - \frac{\beta_1}{\beta_2} S_{\alpha 2} b_{21} \left[\frac{1}{\beta_2} S_{\alpha 2} b_{11} s_x + \left(\frac{1}{\alpha_2} S_{\beta 2} b_{12} - R_{\beta 1} a_{12} \frac{\mathrm{d}}{\mathrm{d}t} \right) s_y \right] \right\} \tag{3-99}$$

这里的 $\tilde{H}^{-1}$ 是下列二阶线性微分算子的逆式，且

$$\tilde{H} = R_{\alpha 2} R_{\beta 2} a_{11} a_{22} \frac{\mathrm{d}^2}{\mathrm{d}t^2} + \left(\frac{\alpha_1}{\alpha_2} R_{\alpha 2} S_{\beta 2} a_{11} b_{22} + \frac{\beta_1}{\beta_2} R_{\beta 2} S_{\alpha 2} a_{22} b_{11} \right) \frac{\mathrm{d}}{\mathrm{d}t}$$

$$+ \frac{\alpha_1 \beta_1}{\alpha_2 \beta_2} S_{\alpha 2} S_{\beta 2} (b_{11} b_{22} - b_{12} b_{21}) \tag{3-100}$$

以 α_1 或 α_2 分别乘以式(3-94)和式(3-95)，重排后得

$$\varepsilon_x = \alpha_1 \left[R_{\alpha 1} a_{11} \sigma_x + a_{12} (R_{\beta 1} \beta_1 \sigma_y + R_{\beta 2} \beta_2 \sigma_{y1}) \right] + \alpha_2 (R_{\alpha 2} a_{11} \sigma_{x1} + R_{\beta 1} a_{12} \sigma_y) \tag{3-101}$$

$$\varepsilon_y = \beta_1 \left[R_{\beta 1} a_{22} \sigma_y + a_{21} (R_{\alpha 1} \alpha_1 \sigma_x + R_{\alpha 2} \alpha_2 \sigma_{x1}) \right] + \beta_2 (R_{\alpha 1} a_{21} \sigma_x + R_{\beta 2} a_{22} \sigma_{y1}) \tag{3-102}$$

将式(3-98)和式(3-99)代入以上两式，得一般本构方程为

$$\begin{cases} \varepsilon_x = \tilde{H}^{-1} (\tilde{K}_{11} \sigma_x + \tilde{K}_{12} \sigma_y) \\ \varepsilon_y = \tilde{H}^{-1} (\tilde{K}_{21} \sigma_x + \tilde{K}_{22} \sigma_y) \end{cases} \tag{3-103}$$

此式与式(3-60)形式相同，但二阶线性微分算子 $\tilde{K}_{ij}$ 不同，并且这里 $\tilde{K}_{ii} \neq \tilde{K}_{ij}$。

以 $\tilde{H}$ 乘以式(3-103)得 ε_x 和 ε_y 两个二阶常微分方程，它们具有相同的特征方程，其根为

$$L_{1,2} = -\frac{1}{2} \left(\frac{S_{\beta 2} \alpha_1 b_{22}}{R_{\beta 2} \alpha_2 a_{22}} + \frac{S_{\alpha 2} \beta_1 b_{11}}{R_{\alpha 2} \beta_2 a_{11}} \right) \pm \frac{1}{2} \sqrt{ \left(\frac{S_{\beta 2} \alpha_1 b_{22}}{R_{\beta 2} \alpha_2 a_{22}} + \frac{S_{\alpha 2} \beta_1 b_{11}}{R_{\alpha 2} \beta_2 a_{11}} \right)^2 + \frac{4 S_{\alpha 2} S_{\beta 2} \beta_1 b_{12} b_{21}}{R_{\alpha 2} R_{\beta 2} \alpha_2 \beta_2 a_{11} a_{22}} }$$

$$\tag{3-104}$$

所以，多孔正交黏弹性体的应力-应变关系为

$$\varepsilon_x = \frac{1}{L_1 - L_2} \left\{ \int_{t_0}^{t} (\tilde{K}_{11} \sigma_x + \tilde{K}_{12} \sigma_y) \left[\exp(L_1(t-t')) - \exp(L_2(t-t')) \right] \mathrm{d}t' \right.$$

$$\left. - \left(L_2 \varepsilon_{x0} - \frac{\mathrm{d}\varepsilon_{x0}}{\mathrm{d}t} \right) \exp(L_1(t-t_0)) + \left(L_1 \varepsilon_{x0} - \frac{\mathrm{d}\varepsilon_{x0}}{\mathrm{d}t} \right) \exp(L_2(t-t_0)) \right\} \tag{3-105}$$

$$\varepsilon_y = \frac{1}{L_1 - L_2} \left\{ \int_{t_0}^{t} (\tilde{K}_{21} \sigma_x + \tilde{K}_{22} \sigma_y) \left[\exp(L_1(t-t')) - \exp(L_2(t-t')) \right] \mathrm{d}t' \right.$$

$$\left. - \left(L_2 \varepsilon_{y0} - \frac{\mathrm{d}\varepsilon_{y0}}{\mathrm{d}t} \right) \exp(L_1(t-t_0)) + \left(L_1 \varepsilon_{y0} - \frac{\mathrm{d}\varepsilon_{y0}}{\mathrm{d}t} \right) \exp(L_2(t-t_0)) \right\} \tag{3-106}$$

式中，ε_{x0} 和 ε_{y0} 是初始应变；$\dfrac{\mathrm{d}\varepsilon_{x0}}{\mathrm{d}t}$ 和 $\dfrac{\mathrm{d}\varepsilon_{y0}}{\mathrm{d}t}$ 是初始应变率。

若所示单位面积的边界是紧密的且不能挠曲，则整个模型的剪切应变是相同的，即剪切是对称的。在这种情况下，

$$\sigma_{xy} = \sigma_{yx} = \frac{1}{a_{33}}(1 - \alpha_2\beta_2 - \xi\zeta + \xi_2\zeta_2) + \frac{1}{b_{33}}(\alpha_2\beta_2 - \xi_2\zeta_2)\frac{\mathrm{d}\varepsilon_{xy}}{\mathrm{d}t} \tag{3-107}$$

从而

$$\varepsilon_{xy} = \varepsilon_{yx} = \exp(-L_{xy})\left[\int_{t_0}^{t} \frac{b_{33}s_{xy}}{\alpha_2\beta_2 - \xi_2\zeta_2}\exp(L_{xy}t')\mathrm{d}t' + \varepsilon_{xy0}\exp(L_{xy}t_0)\right] \tag{3-108}$$

式中，$L_{xy} = \dfrac{(1 - \alpha_2\beta_2 - \xi\zeta + \xi_2\zeta_2)b_{33}}{(\alpha_2\beta_2 - \xi_2\zeta_2)a_{33}}$ 为延迟时间的逆式。

若所示单位面积的边界是可以挠曲的，如图 3-14 所示，则剪切是非对称的。

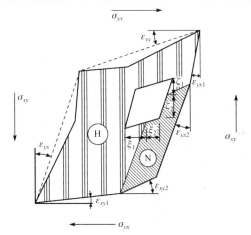

图 3-14 多孔正交黏弹性体的非对称剪切效应

以 σ_{yx10} 所示面积左侧弹性部分的初始剪切应力为例，横向剪切与纵向剪切的本构方程分别为

$$\varepsilon_{yx} = R_{\beta 1}\beta_1 a_{33}\sigma_{yx} + R_{\beta 2}\beta_2 a_{33}\exp(-L_{Nyx}t)$$
$$\times \left[\int_{t_0}^{t} \frac{S_{\beta 2}b_{33}}{R_{\beta 2}\alpha_2 a_{33}}\sigma_{yx}\exp(L_{Nyx}t')\mathrm{d}t' + \sigma_{yx10}\exp(L_{Nyx}t_0)\right] \tag{3-109}$$

$$\varepsilon_{xy} = R_{\alpha 1}\alpha_1 a_{33}\sigma_{xy} + R_{\alpha 2}\alpha_2 a_{33}\exp(-L_{Nyx}t)$$
$$\times \left[\int_{t_0}^{t} \frac{S_{\alpha 2}b_{33}}{R_{\alpha 2}\beta_2 a_{33}}\sigma_{xy}\exp(L_{Nyx}t')\mathrm{d}t' + \sigma_{xy10}\exp(L_{Nxy}t_0)\right] \tag{3-110}$$

式中，$L_{Nyx} = \dfrac{S_{\beta2}\alpha_1 b_{33}}{R_{\beta2}\alpha_2 a_{33}}$ 和 $L_{Nxy} = \dfrac{S_{\alpha2}\beta_1 b_{33}}{R_{\alpha2}\beta_2 a_{33}}$ 分别是横向剪切和纵向剪切的推迟时间的逆式。

3.3.4 三维黏弹性流变模型

Sobotka[6]基于二维流变模型分析了正交黏弹性平板随时间变化的准静载荷和动载荷作用下的线性流变特性。同时，他还提出了三维流变模型。

正交黏弹性固体的简单三维正交流变模型如图 3-15 所示。由作用于弹性区的应力分量 σ_{x1}、σ_{y1}、σ_{z1} 和作用于黏性区的应力分量 σ_{x2}、σ_{y2}、σ_{z2} 按照式(3-111)组成合应力 σ_x、σ_y、σ_z：

$$\begin{cases} \sigma_x = (1-\beta_2\gamma_2)\sigma_{x1} + \beta_2\gamma_2\sigma_{x2} \\ \sigma_y = (1-\alpha_2\gamma_2)\sigma_{y1} + \alpha_2\gamma_2\sigma_{y2} \\ \sigma_z = (1-\alpha_2\beta_2)\sigma_{z1} + \alpha_2\beta_2\sigma_{z2} \end{cases} \tag{3-111}$$

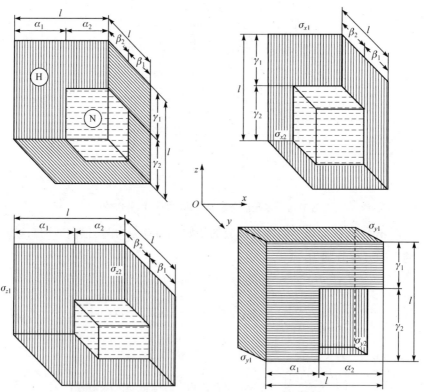

图 3-15　黏弹性体的三维流变模型及其各区特征长度

由弹性区应变 ε_{x1}、ε_{y1}、ε_{z1} 和黏性区应变 ε_{x2}、ε_{y2}、ε_{z2} 组成的合应变分量 ε_x、ε_y、ε_z 为

$$\begin{cases} \varepsilon_x = \alpha_1 \varepsilon_{x1} + \alpha_2 \varepsilon_{x2} \\ \varepsilon_y = \beta_1 \varepsilon_{y1} + \beta_2 \varepsilon_{y2} \\ \varepsilon_z = \gamma_1 \varepsilon_{z1} + \gamma_2 \varepsilon_{z2} \end{cases} \tag{3-112}$$

令 $E_x = \dfrac{1}{a_{11}}$，$E_y = \dfrac{1}{a_{22}}$，$E_z = \dfrac{1}{a_{33}}$，$\lambda_x = \dfrac{1}{b_{11}}$，$\lambda_y = \dfrac{1}{b_{22}}$，$\lambda_z = \dfrac{1}{b_{33}}$，$\mu_x = -\dfrac{a_{12}}{a_{11}}$，

$\mu_y = -\dfrac{a_{21}}{a_{22}}$，$\cdots$，$v_x = -\dfrac{b_{12}}{b_{11}}$，$v_y = -\dfrac{b_{21}}{b_{22}}$，$\cdots$，则自由弹性区应变可写为

$$\begin{cases} \varepsilon_{x1} = \dfrac{1}{E_x}\Big[\sigma_x - \mu_{xy}(\beta_1 \sigma_y + \beta_2 \sigma_{y1}) - \mu_{xz}(\gamma_1 \sigma_z + \gamma_2 \sigma_{z1}) \Big] \\[2mm] \varepsilon_{y1} = \dfrac{1}{E_y}\Big[\sigma_y - \mu_{yx}(\alpha_1 \sigma_x + \alpha_2 \sigma_{x1}) - \mu_{yz}(\gamma_1 \sigma_z + \gamma_2 \sigma_{z1}) \Big] \\[2mm] \varepsilon_{z1} = \dfrac{1}{E_z}\Big[\sigma_z - \mu_{zx}(\alpha_1 \sigma_x + \alpha_2 \sigma_{x1}) - \mu_{zy}(\beta_1 \sigma_y + \beta_2 \sigma_{y1}) \Big] \end{cases} \tag{3-113}$$

由于内聚性，黏性区的应变与弹性区相邻部分的应变是相同的，它们可用下列方程表示：

$$\begin{cases} \varepsilon_{x2} = \dfrac{1}{E_x}\Big[\sigma_{x1} - \mu_{xy}(\beta_1 \sigma_y + \beta_2 \gamma_1 \sigma_{y1}) - \mu_{xz}(\gamma_1 \sigma_z + \beta_1 \gamma_2 \sigma_{z1}) \Big] \\[1mm] \qquad = \dfrac{1}{\lambda_x} \displaystyle\int_{t_0}^{t} (\sigma_{x2} - v_{xy}\sigma_{y2} - v_{xz}\sigma_{z2})\mathrm{d}t' \\[3mm] \varepsilon_{y2} = \dfrac{1}{E_y}\Big[\sigma_{y1} - \mu_{yx}(\alpha_1 \sigma_x + \alpha_2 \gamma_1 \sigma_{x1}) - \mu_{yz}(\gamma_1 \sigma_z + \alpha_1 \gamma_2 \sigma_{z1}) \Big] \\[1mm] \qquad = \dfrac{1}{\lambda_y} \displaystyle\int_{t_0}^{t} (\sigma_{y2} - v_{yx}\sigma_{x2} - v_{yz}\sigma_{z2})\mathrm{d}t' \\[3mm] \varepsilon_{z2} = \dfrac{1}{E_z}\Big[\sigma_{z1} - \mu_{zx}(\alpha_1 \sigma_x + \alpha_2 \beta_1 \sigma_{x1}) - \mu_{zy}(\beta_1 \sigma_y + \alpha_1 \beta_2 \sigma_{y1}) \Big] \\[1mm] \qquad = \dfrac{1}{\lambda_z} \displaystyle\int_{t_0}^{t} (\sigma_{z2} - v_{zx}\sigma_{x2} - v_{zy}\sigma_{y2})\mathrm{d}t' \end{cases} \tag{3-114}$$

将式(3-111)表示的应力分量 σ_{x2}、σ_{y2}、σ_{z2} 代入式(3-114)，微分并重排后得

$$\left(\frac{1-\beta_2\gamma_2}{\beta_2\gamma_2\lambda_x}+\frac{1}{E_x}\frac{\mathrm{d}}{\mathrm{d}t}\right)s_{x1}-\left[\frac{(1-\alpha_2\gamma_2)\nu_{xy}}{\alpha_2\gamma_2\lambda_x}+\frac{\beta_2\gamma_1\mu_{xy}}{E_x}\frac{\mathrm{d}}{\mathrm{d}t}\right]s_{y1}-\left[\frac{(1-\alpha_2\beta_2)\nu_{xz}}{\alpha_2\beta_2\lambda_x}+\frac{\beta_1\gamma_2\mu_{xz}}{E_x}\frac{\mathrm{d}}{\mathrm{d}t}\right]s_{z1}$$

$$=-\left(\frac{\nu_{zx}}{\beta_2\gamma_2\lambda_z}+\alpha_1\frac{\mu_{zx}}{E_z}\frac{\mathrm{d}}{\mathrm{d}t}\right)s_x-\left(\frac{\nu_{zy}}{\alpha_2\gamma_2\lambda_z}+\beta_1\frac{\mu_{zy}}{E_z}\frac{\mathrm{d}}{\mathrm{d}t}\right)s_y+\frac{1}{\alpha_2\beta_2\lambda_z}s_z \tag{3-115}$$

从而可得三个应力分量的算子方程：

$$\begin{cases} \sigma_{x1}=\tilde{H}^{-1}(\tilde{S}_{11}\sigma_x+\tilde{S}_{12}\sigma_y+\tilde{S}_{13}\sigma_z) & \text{(3-116)} \\ \sigma_{y1}=\tilde{H}^{-1}(\tilde{S}_{21}\sigma_x+\tilde{S}_{22}\sigma_y+\tilde{S}_{23}\sigma_z) & \text{(3-117)} \\ \sigma_{z1}=\tilde{H}^{-1}(\tilde{S}_{31}\sigma_x+\tilde{S}_{32}\sigma_y+\tilde{S}_{33}\sigma_z) & \text{(3-118)} \end{cases}$$

式中，$\tilde{H}^{-1}$ 是 $\tilde{H}$ 算子的逆式；$\tilde{S}_{ij}$ 是三阶线性微分算子。将式(3-116)～式(3-118)通过式(3-114)第三式引入式(3-113)第一式，再通过式(3-112)第三式代入式(3-112)第一式，最终可以得到

$$\begin{cases} \varepsilon_x=\tilde{H}^{-1}(\tilde{K}_{11}\sigma_x+\tilde{K}_{12}\sigma_y+\tilde{K}_{13}\sigma_z) \\ \varepsilon_y=\tilde{H}^{-1}(\tilde{K}_{21}\sigma_x+\tilde{K}_{22}\sigma_y+\tilde{K}_{23}\sigma_z) \\ \varepsilon_z=\tilde{H}^{-1}(\tilde{K}_{31}\sigma_x+\tilde{K}_{32}\sigma_y+\tilde{K}_{33}\sigma_z) \end{cases} \tag{3-119}$$

式中，$\tilde{K}_{ij}$ 是新的三阶线性微分算子。由于弹性区和黏性区之间没有位移，式(3-119)中包含微分逆算子 $\tilde{H}^{-1}$。将式(3-119)的三个分式两边分别乘以积分算子 $\tilde{H}$，可以得到如下常系数线性微分方程：

$$\begin{cases} \tilde{H}\varepsilon_x=\tilde{K}_{11}\sigma_x+\tilde{K}_{12}\sigma_y+\tilde{K}_{13}\sigma_z \\ \tilde{H}\varepsilon_y=\tilde{K}_{21}\sigma_x+\tilde{K}_{22}\sigma_y+\tilde{K}_{23}\sigma_z \\ \tilde{H}\varepsilon_z=\tilde{K}_{31}\sigma_x+\tilde{K}_{32}\sigma_y+\tilde{K}_{33}\sigma_z \end{cases} \tag{3-120}$$

式(3-120)左边包含微分算子 H，因此三个公式是具有相同性质的特征方程。式(3-121)为方程的行列式形式：

$$\begin{vmatrix} \dfrac{1-\beta_2\gamma_2}{\beta_2\gamma_2\lambda_x}+\dfrac{\chi}{E_x} & -\dfrac{(1-\alpha_2\gamma_2)\nu_{xy}}{\alpha_2\gamma_2\lambda_x}+\dfrac{\beta_2\gamma_1\mu_{xy}\chi}{E_x} & -\dfrac{(1-\alpha_2\beta_2)\nu_{xz}}{\alpha_2\gamma_2\lambda_x}+\dfrac{\beta_1\gamma_2\mu_{xz}\chi}{E_x} \\[3mm] -\dfrac{(1-\beta_2\gamma_2)\nu_{yx}}{\alpha_2\gamma_2\lambda_y}+\dfrac{\alpha_2\gamma_1\mu_{yz}\chi}{E_y} & \dfrac{1-\alpha_2\gamma_2}{\alpha_2\gamma_2\lambda_y}+\dfrac{\chi}{E_z} & -\dfrac{(1-\alpha_2\beta_2)\nu_{yz}}{\alpha_2\beta_2\lambda_y}+\dfrac{\alpha_1\gamma_2\mu_{yz}\chi}{E_y} \\[3mm] -\dfrac{(1-\beta_2\gamma_2)\nu_{zx}}{\beta_2\gamma_2\lambda_z}+\dfrac{\alpha_2\beta_1\mu_{zx}\chi}{E_z} & -\dfrac{(1-\alpha_2\gamma_2)\nu_{zy}}{\alpha_2\gamma_2\lambda_z}+\dfrac{\alpha_1\beta_2\mu_{zy}\chi}{E_z} & \dfrac{1-\alpha_2\beta_2}{\alpha_2\beta_2\lambda_z}+\dfrac{\chi}{E_z} \end{vmatrix}=0$$

$$\tag{3-121}$$

将此行列式展开后得到三阶代数方程：

$$\chi^3 + A\chi^2 + B\chi + C = 0 \tag{3-122}$$

其中，χ_1、χ_2、χ_3 为方程(3-122)的三个根。

3.3.5　非正交黏弹性流变模型

对于非正交情况，以二维流变模型为例，Sobotka 提出用两条交叉线把模型分成弹性和黏性两个区域，如图 3-16 所示。

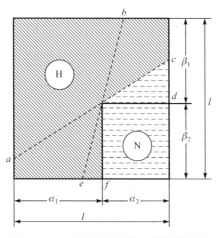

图 3-16　非正交黏弹性体二维流变模型

这样，模型内流变相的分布不但取决于特征长度 α_1、α_2、β_1、β_2，而且取决于应变主平面法向与坐标轴方向夹角 φ_x 和 φ_y。

以 ε_{a1} 和 ε_{b1} 表示弹性区的应变，ε_{a2} 和 ε_{b2} 表示黏性区及相邻弹性区部分的共同应变，则在交叉线 a 和 b 及坐标范围内的整个应变为

$$\begin{cases} \varepsilon_a = \varepsilon_x \cos^2 \varphi_x + \varepsilon_y \sin^2 \varphi_x + (\varepsilon_{yx} + \varepsilon_{xy})\sin \varphi_x \cos \varphi_x \\ \varepsilon_b = \varepsilon_x \sin^2 \varphi_y + \varepsilon_y \cos^2 \varphi_y + (\varepsilon_{yx} + \varepsilon_{xy})\sin \varphi_y \cos \varphi_y \end{cases} \tag{3-123}$$

而 a、b 线内截面的应变为

$$\begin{cases} \varepsilon_a = \alpha_1 \varepsilon_{a1} + \alpha_2 \varepsilon_{a2} \\ \varepsilon_b = \beta_1 \varepsilon_{b1} + \beta_2 \varepsilon_{b2} \end{cases} \tag{3-124}$$

在剪切情况下，则有

$$\begin{cases} \varepsilon_{yx} = \beta_1 \varepsilon_{yx1} + \beta_2 \varepsilon_{yx2} \\ \varepsilon_{xy} = \alpha_1 \varepsilon_{xy1} + \alpha_2 \varepsilon_{xy2} \end{cases} \tag{3-125}$$

根据在 a、b 的平衡条件，可得下列四个方程：

$$\sigma_x \sin^2 \varphi_x + \sigma_y \cos^2 \varphi_x + (\sigma_{yx} + \sigma_{xy}) \sin \varphi_x \cos \varphi_x$$

$$= \alpha_1 \left[\sigma_{x1} \sin^2 \varphi_x + \sigma_{y1} \cos^2 \varphi_x + (\sigma_{yx1} + \sigma_{xy1}) \sin \varphi_x \cos \varphi_x \right]$$

$$+ \alpha_2 \left[\sigma_{x2} \sin^2 \varphi_x + \sigma_{y2} \cos^2 \varphi_x + (\sigma_{yx2} + \sigma_{xy2}) \sin \varphi_x \cos \varphi_x \right] \tag{3-126}$$

$$(\sigma_x - \sigma_y) \sin \varphi_x \cos \varphi_x + \sigma_{yx} \cos^2 \varphi_x - \sigma_{xy} \sin^2 \varphi_x$$

$$= \alpha_1 \left[(\sigma_{x1} - \sigma_{y1}) \sin \varphi_x \cos \varphi_x + \sigma_{yx1} \cos^2 \varphi_x - \sigma_{xy1} \sin^2 \varphi_x \right]$$

$$+ \alpha_2 \left[(\sigma_{x2} - \sigma_{y2}) \sin \varphi_x \cos \varphi_x + \sigma_{yx2} \cos^2 \varphi_x - \sigma_{xy2} \sin^2 \varphi_x \right] \tag{3-127}$$

$$\sigma_x \cos^2 \varphi_y + \sigma_y \sin^2 \varphi_y + (\sigma_{yx} + \sigma_{xy}) \sin \varphi_y \cos \varphi_y$$

$$= \beta_1 \left[\sigma_{x1} \cos^2 \varphi_y + \sigma_{y1} \sin^2 \varphi_y + (\sigma_{yx1} + \sigma_{xy1}) \sin \varphi_y \cos \varphi_y \right]$$

$$+ \beta_2 \left[\sigma_{x2} \cos^2 \varphi_y + \sigma_{y2} \sin^2 \varphi_y + (\sigma_{yx2} + \sigma_{xy2}) \sin \varphi_y \cos \varphi_y \right] \tag{3-128}$$

$$(\sigma_x - \sigma_y) \sin \varphi_y \cos \varphi_y + \sigma_{yx} \sin^2 \varphi_y - \sigma_{xy} \cos^2 \varphi_y$$

$$= \beta_1 \left[(\sigma_{x1} - \sigma_{y1}) \sin \varphi_y \cos \varphi_y + \sigma_{yx1} \sin^2 \varphi_y - \sigma_{xy1} \cos^2 \varphi_y \right]$$

$$+ \beta_2 \left[(\sigma_{x2} - \sigma_{y2}) \sin \varphi_y \cos \varphi_y + \sigma_{yx2} \sin^2 \varphi_y - \sigma_{xy2} \cos^2 \varphi_y \right] \tag{3-129}$$

从而，弹性相的应力-应变关系为

$$\begin{cases} \varepsilon_x = a_{11} \sigma_x + a_{12} \sigma_y + a_{13} \sigma_{yx} + a_{14} \sigma_{xy} \\ \varepsilon_y = a_{21} \sigma_x + a_{22} \sigma_y + a_{23} \sigma_{yx} + a_{24} \sigma_{xy} \end{cases} \tag{3-130}$$

黏性相的应力-应变关系为

$$\begin{cases} \dfrac{\mathrm{d}\varepsilon_x}{\mathrm{d}t} = b_{11} \sigma_x + b_{12} \sigma_y + b_{13} \sigma_{yx} + b_{14} \sigma_{xy} \\ \dfrac{\mathrm{d}\varepsilon_y}{\mathrm{d}t} = b_{21} \sigma_x + b_{22} \sigma_y + b_{23} \sigma_{yx} + b_{24} \sigma_{xy} \end{cases} \tag{3-131}$$

因此，最终可以得到

$$\begin{cases} \varepsilon_x = \tilde{H}^{-1}(\tilde{K}_{11} \sigma_x + \tilde{K}_{12} \sigma_y + \tilde{K}_{13} \sigma_{yx} + \tilde{K}_{14} \sigma_{xy}) \\ \varepsilon_y = \tilde{H}^{-1}(\tilde{K}_{21} \sigma_x + \tilde{K}_{22} \sigma_y + \tilde{K}_{23} \sigma_{yx} + \tilde{K}_{24} \sigma_{xy}) \\ \varepsilon_{yx} = \tilde{H}^{-1}(\tilde{K}_{31} \sigma_x + \tilde{K}_{32} \sigma_y + \tilde{K}_{33} \sigma_{yx} + \tilde{K}_{34} \sigma_{xy}) \\ \varepsilon_{xy} = \tilde{H}^{-1}(\tilde{K}_{41} \sigma_x + \tilde{K}_{42} \sigma_y + \tilde{K}_{43} \sigma_{yx} + \tilde{K}_{44} \sigma_{xy}) \end{cases} \tag{3-132}$$

式中，$\tilde{H}$ 和 $\tilde{K}_{ij}$ 是不同的四阶线性微分算子。

按照前述, 将算子 $\tilde{H}$ 代入式(3-132)可以得到一组四阶微分方程, 其形式如下:

$$
\varepsilon_x = \int_{t_0}^{t} (\tilde{K}_{11}\sigma_x + \tilde{K}_{12}\sigma_y + \tilde{K}_{13}\sigma_{yx} + \tilde{K}_{14}\sigma_{xy})
$$

$$
\times \left[\frac{\exp(L_1(t-t'))}{(L_1-L_2)(L_1-L_3)(L_1-L_4)} + \frac{\exp(L_2(t-t'))}{(L_2-L_1)(L_2-L_3)(L_2-L_4)} \right.
$$

$$
\left. + \frac{\exp(L_3(t-t'))}{(L_3-L_1)(L_3-L_2)(L_3-L_4)} + \frac{\exp(L_4(t-t'))}{(L_4-L_1)(L_4-L_2)(L_4-L_3)} \right] \mathrm{d}t'
$$

$$
+ C_{11}\exp(L_1 t) + C_{12}\exp(L_2 t) + C_{13}\exp(L_3 t) + C_{14}\exp(L_4 t) \tag{3-133}
$$

式中, L_k 为特征方程; C_{ij} 为积分常数。

但是, 总体来说, 模型理论仅能唯象地考察物质的离散结构, 只有进一步深入研究物质微观层次, 才能对离散机制了解得更清楚。

3.4 统一本构理论

统一本构理论是从材料的宏观和微观两方面入手, 将宏观和微观相结合的研究方法[7]。统一本构模型应用热力学内变量理论, 将材料的宏观变形与代表材料微观结构变化的内变量相结合, 能够很好地反映材料的各种变形和记录应力历史。统一本构理论摒弃了传统的屈服面理论, 连续地描述材料的变形过程, 能够更准确地反映材料各种变形之间的联系。统一本构理论不以屈服面作为理论前提, 属于无屈服面的内变量本构理论, 通过引入描写随加载历史变化的材料内部状态变量, 按照细观研究的启发设定这些内变量的演化规律, 进而描述材料的变形规律。统一本构理论属于宏观模型的范畴, 但和经典宏观黏塑性理论相比, 减少了唯象的描述, 增加了细观机制的影响, 可以同时将宏观与微观联系起来, 因而可以更本质地描述材料的实际变形过程。

3.4.1 统一本构方程的一般特征

流变学黏弹塑性统一本构理论的基本假设如下:

(1) 材料塑性流动不可压缩;

(2) 应力张量 σ_{ij} 是应变张量 ε_{ij} 和一定数目内变量 V_k 的函数, 同时内变量随时间的演化服从一组常微分方程, 即

$$\sigma_{ij} = f(\varepsilon_{ij}, V_1, V_2, \cdots, V_N) \tag{3-134}$$

$$\dot{V}_k(t) = f_k(\varepsilon_{ij}(t), V_1(t), V_2(t), \cdots, V_N(t)), \quad k = 1, 2, \cdots, N$$

(3) 在小变形条件下，将总应变率张量 $\dot{\varepsilon}_{ij}$ 分为一个弹性应变率张量 $\dot{\varepsilon}_{ij}^{e}$ 与非弹性应变率张量 $\dot{\varepsilon}_{ij}^{ie}$ 之和：

$$\dot{\varepsilon}_{ij} = \dot{\varepsilon}_{ij}^{e} + \dot{\varepsilon}_{ij}^{ie} \tag{3-135}$$

式中，变量上面加点表示对时间求导数(下同)。在流动与屈服无关的本构理论中，这种分解在各个加载阶段都是成立的，但是对于流动与屈服相关的理论，只有当满足屈服条件时才可以[8]。

对于各向同性材料，弹性变形部分 ε_{ij}^{e} 服从广义胡克定律：

$$\begin{cases} \dot{\varepsilon}_{ij}^{e} = \dfrac{1+\nu}{E}\dot{\sigma}_{ij} - \dfrac{\nu}{E}\dot{\sigma}_{kk}\delta_{ij} + \alpha\dot{T}\delta_{ij} \\ \dot{\sigma}_{ij} = \delta_{ij}\lambda\dot{\varepsilon}_{kk} + 2\mu(\dot{\varepsilon}_{ij} - \dot{\varepsilon}_{ij}^{ie}) \end{cases} \tag{3-136}$$

上面两式分别是应变率表达式和应力率表达式。这里 E、ν、α 分别是弹性模量、泊松比、热膨胀系数。δ_{ij} 是克罗内克符号，当 $i = j$ 时，$\delta_{ij} = 1$；当 $i \neq j$ 时，$\delta_{ij} = 0$。μ 和 λ 是 Lamé 常数，它们之间具有如下关系：

$$\begin{cases} \lambda = \dfrac{E\nu}{(1+\nu)(1-2\nu)} \\ \mu = \dfrac{\lambda(1-2\nu)}{2\nu} = \dfrac{E}{2(1+\nu)} \end{cases} \tag{3-137}$$

在式(3-135)中，非弹性应变 ε_{ij}^{in} 是所有不可回复变形的统称，而塑性流动、蠕变和应力松弛应该包含在定义 ε_{ij}^{ie} 的函数中，且为不同加载历史下的特定响应。这样的本构理论可不依赖于某一特定的屈服准则[9]。对微观机理的研究表明，黏塑性流动是晶体滑移和扩散的结果[10-12]。这说明，材料的变形不能单纯地由经典的弹塑性理论来表达。因此，可以从热力学和位错动力学角度出发，定义一个标量形式的广义黏塑性势函数 $\psi = \psi(\sigma_{ij}, \varepsilon_{ij}^{e}, \varepsilon_{ij}^{ie}, V_k, T)$，它应该是当前应力和应变状态、表示硬化的内变量 V_k 以及温度 T 的泛函，且具有耗散性。这个函数有助于计算任何给定应力和硬化状态下的宏观黏塑性应变率。根据 Drucker 假设，黏塑性应变率矢量在相应的状态点处正交于等势面，即

$$\dot{\varepsilon}_{ij}^{\mathrm{ie}} = \Lambda \frac{\partial \psi}{\partial \sigma_{ij}} \quad \text{或} \quad \dot{\varepsilon}_{ij}^{\mathrm{ie}} = \Lambda \frac{\partial \psi}{\partial S_{ij}} \tag{3-138}$$

这就是黏塑性流动法则。其中 Λ 是一个非负的塑性乘子，S 是应力偏张量。ψ 可以具有不同的函数形式，如果势函数就是屈服函数，则称式(3-138)为相关联的黏塑性理论；如果势函数不是屈服函数，则称式(3-138)为非关联黏塑性理论[8, 13, 14]。

与屈服条件无关的黏塑性本构理论见 Bodner 和 Partom[15]、Hart[16]、Lee 和 Zaverl[17]、Miller[18]、Liu 和 Krempl[19]、Krempl 和 Choi[20]、Robinson 和 Binienda[21]等的文献。由于这些模型中并不存在一个完全的弹性区，所以描述非弹性应变率的黏塑性势函数必须具备的一个性质就是：在低应力水平下只产生非常小的非弹性应变率。

对于那些具有屈服准则的本构模型，在应力没有达到一定水平(如屈服应力)之前，黏塑性势函数一直保持零值不变，非弹性应变率也为零，总应变率就是弹性应变率，所以此时的黏塑性势函数与应变率无关。这一类型的本构理论起源于 Perzyna[22, 23]对于各向同性硬化的描述，后来在 Chaboche[24]对各向同性与运动硬化的描述中得到进一步发展。

所有这些黏塑性统一本构理论主要是以流动法则、运动方程和内变量演化为基础，而内变量演化又包含各向同性硬化和运动硬化两种形式。其中，流动法则的函数形式依赖于对运动硬化的处理方式，而运动方程是应变率与应力不变量、内变量之间的函数关系，且与温度相关。内变量演化方程用来描述内变量随时间而发生的增长。内变量一般用于表达变形体对于当前非弹性流动的抵抗能力。两个具有相同内变量数值的变形体，对同样的应力状态有相同的非弹性响应。内变量类型的选择和数量的多少依不同的本构模型而变。大多数本构模型有两个内变量或者一个具有两个分量的内变量：一个用于表达各向同性硬化，另一个表达方向性的运动硬化。多数模型的各向同性硬化变量用一个标量表示，或是拉应力，或是屈服应力，而运动硬化用一个二阶张量或者二阶张量的标量函数来表达[9]。

3.4.2 流动法则与运动方程

在非弹性应变不可压缩的假设条件下，流动法则有三种基本函数形式[9]：

$$\dot{\varepsilon}_{ij}^{\mathrm{ie}} = \lambda_1 S_{ij}, \quad \dot{\varepsilon}_{kk}^{\mathrm{ie}} = 0 \tag{3-139a}$$

$$\dot{\varepsilon}_{ij}^{\mathrm{ie}} = \lambda_2 \Sigma_{ij} = \lambda_2 (S_{ij} - \Omega_{ij}), \quad \dot{\varepsilon}_{kk}^{\mathrm{ie}} = 0 \tag{3-139b}$$

$$\dot{\varepsilon}_{ij}^{\text{ie}} = \lambda_{ijkl}S_{kl}, \quad \dot{\varepsilon}_{iikl}^{\text{ie}} = \dot{\varepsilon}_{iikk}^{\text{ie}} = 0 \tag{3-139c}$$

式中，S_{ij} 和 Σ_{ij} 分别是应力偏张量和有效应力。张量 Ω_{ij} 表示平衡应力(equivalent stress)，也称为背应力(back stress)。实际上，如果非弹性流动与一个流动势函数相关联，则这些方程都可以由黏塑性势函数通过式(3-138)导出。

方程(3-139a)是 Prandtl-Reuss 流动法则，通常与 Mises 屈服准则相关联。但是，也可以认为这是一个右端与屈服准则无关的基本材料方程。这样，通常认为该方程适用于比例加载条件。对于比例加载，发生各向同性硬化是适合的。这个方程说明，尽管 λ_1 可以与应力历史相关，但材料对应力的响应(如非弹性应变率)是各向同性的。既然应力是各向异性的，那么在熵增加的情况下，λ_1 就可以具有方向性，因而就可以引入运动硬化。

方程(3-139b)表达的流动法则是在经典塑性方程中引入 Prager 运动硬化变量以考虑 Bauschinger 效应。在这个意义下，偏应力空间中，Ω_{ij} 代表 Mises 屈服面中心，式(3-139b)是与屈服准则相关联的流动法则。与方程(3-139a)一样，方程(3-139b)也可以看成与屈服准则相关的材料方程，这样，平衡应力张量 Ω_{ij} 就起到以下几方面的作用：

(1) 考虑与方向有关的硬化(多轴 Bauschinger 效应)以及非比例加载历程下非弹性应变率张量 $\dot{\varepsilon}_{ij}^{\text{ie}}$ 与应力偏张量 S_{ij} 的不同轴性；

(2) 当有效应力 Σ_{ij} 为负时，能够描述反向大塑性应变效应，即反向蠕变和通过零应力的松弛；

(3) 对于无屈服准则的本构理论，在一个给定范围内，能够给出很低的非弹性应变率。

方程(3-139c)为 Prandtl-Reuss 流动法则的各向异性形式，在六维的应力-应变率空间中，可以写为

$$\dot{E}_{\alpha}^{\text{ie}} = \Lambda_{\alpha\beta}T_{\beta}, \quad \alpha = 1,2,\cdots,6; \beta = 1,2,\cdots,6 \tag{3-140}$$

式中，$\dot{E}_{\alpha}^{\text{ie}}$ 和 T_{β} 以一种简单的方式与通常的塑性应变率、应力相关联[25]，而 $\Lambda_{\alpha\beta}$ 是一个 6×6 的系数矩阵值。如果材料的初始状态是各向同性的，对于由方向性硬化引起的塑性，这种流动法则不会导致矩阵的非对角线元素出现，这时矩阵 $\Lambda_{\alpha\beta}$ 就是对角矩阵。因为 6 个材料常数决定了各向异性的流动特征，方程(3-139c)就与方程(3-139a)等价。在比例加载，包括循环加载条件下，这些流动方程之间是等价的。它们之间的区别只有在非比例加载条件下才得以体现。

将流动方程(3-139a)和(3-139b)各自平方以后，有

$$\lambda_1 = (D_2^{ie} / J_2)^{1/2} \tag{3-141a}$$

$$\lambda_2 = (D_2^{ie} / J_2')^{1/2} \tag{3-141b}$$

式中，$D_2^{ie} = \frac{1}{2}\dot{\varepsilon}_{ij}^{ie}\dot{\varepsilon}_{ij}^{ie}$ 是非弹性应变率张量的第二不变量；J_2 和 J_2' 分别为应力偏张量和有效应力偏张量的第二不变量：

$$J_2 = \frac{1}{2}S_{ij}S_{ij} \tag{3-142a}$$

$$J_2' = \frac{1}{2}(S_{ij} - \Omega_{ij})(S_{ij} - \Omega_{ij}) \tag{3-142b}$$

对于所有基于方程(3-139)这种流动法则的统一黏塑性本构理论，主要问题在于非弹性变形是由 D_2^{ie} 和 J_2(或 J_2')之间的某个函数关系来控制的，该函数包含了与加载历史有关的变量，这些变量用来刻画材料抵抗硬化和损伤等非弹性流动的能力。一些可能的函数形式为

$$D_2^{ie} = D_0 X^n \tag{3-143a}$$

$$D_2^{ie} = D_0 \exp\left[-\left(\frac{1}{X}\right)^n\right] \tag{3-143b}$$

$$D_2^{ie} = D_0\left(\sinh X^m\right)^n \tag{3-143c}$$

此处，$X = 3J_2 / K^2$，或 $X = 3J_2' / K^2$，K 为各向同性硬化内变量；D_0、n、m 是材料常数。采用方程(3-143)中的任何一个，通过方程(3-141a)或(3-141b)、(3-142a)和(3-142b)，就可以将非弹性应变率表达为应力的函数。对流动与屈服准则无关的本构理论，方程(3-143b)似乎更合适一些，因为对 J_2 在某些范围内的值，无论 n 为多少，D_2^{ie} 几乎为零。在方程(3-143b)中，D_0 是极限剪切应变率，而方程(3-143a)和(3-143c)不存在这种极限情况。

在方程(3-143)中，参数 n 决定了 D_2^{ie} 与 J_2 关系曲线的斜率，因此也就是影响应变率敏感性的主要因素，也影响应力-应变曲线的整体硬化水平。

非弹性流动的温度相关性与应变率敏感性相比是一阶的，因此可以直接出现在运动方程中。对于方程(3-143)的形式，可以通过将指数 n 写为温度的函数来实现，如 $n = ck / T$（k 是玻尔兹曼常量，c 是材料常数），这会使得 X 有很强的温度相关性。当然，还有其他方式可以用来考虑温度相关性，在后面会介绍。

3.4.3　内变量演化方程

内变量演化方程的一般结构建立在现在已被广泛接受的 Bailey-Orowan 理论的基础上。Bailey-Orowan 认为，非弹性变形在两种同时竞争的机制作用下出现：随变形产生的硬化(hardening)和随时间发生的软化(softening)或回复(recovery)。如果用内变量 V_k 来描述这种彼此消长的过程，则 V_k 的演化速率 $\dot{V}_k$ 就是硬化速率和回复速率之间的差：

$$\dot{V}_k = h_1(V_k)\dot{\eta} - r_1(V_k,T) \tag{3-144}$$

式中，h_1 和 r_1 分别是硬化函数和热回复函数，它们是温度 T 与内变量的函数；$\dot{\eta}$ 是对硬化的度量，依不同本构模型而异，可以是非弹性功 $\dot{W}^{ie} = \int \sigma_{ij}\dot{\varepsilon}_{ij}^{ie}\mathrm{d}t$，也可以是累积非弹性应变率 $\dot{p} = \sqrt{3D_2^{ie}}$。

通常考虑两种硬化：与位错密度或流动受阻有关的各向同性硬化以及与内部微应力集中状态有关的运动硬化。

1. 各向同性硬化

方程(3-143)中的 $K(X=3J_2/K^2)$ 通常被解释成各向同性硬化内变量，就是指拉应力(drag stress)。它的演化方程一般服从方程(3-144)所描述的规律。各向同性硬化速率通常由各向同性硬化内变量 K 的某个具有饱和值的函数给出，非弹性功率 $\dot{W}^{ie}$ 和累积非弹性应变率 $\dot{p}$ 都可以作为硬化的标量度量。另外，软化或者热回复速率常被取为 K 的幂函数形式，一个温度相关的参数 K_0 用来表示特定温度下的参考状态。

2. 方向性或运动硬化

不同统一本构理论之间的主要差别在于运动硬化的处理方式不同。这种区别不仅在流动法则的选择中存在，在内变量演化方程中也存在。这些演化方程的一般结构和方程(3-144)相似，用一些指标来代表硬化和回复的方向性[9]：

$$\dot{\Omega}_{ij} = h(\Omega_{ij})\dot{M}_{ij} - d(\Omega_{ij},T)\dot{N}_{ij} - r(\Omega_{ij},T)R_{ij} + \theta(\Omega_{ij},T)\dot{T}W_{ij} \tag{3-145}$$

式中，h、d、r 分别是线性硬化项、动态硬化回复项、稳态热回复项；θ 表示与温度变化相伴的硬化和回复；$\dot{M}_{ij}$、$\dot{N}_{ij}$、R_{ij} 和 W_{ij} 分别为 h、d、r 和 θ 的方向性参量。不同理论之间的主要差别就是对方向性参量和硬化、回复函数的选择。

上面的内变量演化方程包含硬化、回复以及温度变化引起的硬化或回复。其中回复又可分为动态回复(dynamic recovery)和稳态热回复(thermal recovery)两部分。当非弹性应变率或者非弹性功率非零时，动态回复项才被激活，而稳态回复是在很低的加载速率下(时间效应)才变得显著。因此，动态回复项决定了应变控制实验快速变化的形状，但是稳态回复项却影响缓慢加载或蠕变行为，并且随着温度升高和时间的增长会趋于显著。另外，动态回复是直接与宏观变形过程相关的，在高变形速率时出现。而稳态回复与高温下微观热激活的位错重排有关，尤其是在退火过程中。热回复通常会导致变形中所累积起来的工作硬化部分甚至完全丧失掉，在非常低的，甚至零应变率但温度较高的情况下也可能存在这种效应，因此在硬化法则中必须包含热回复项。

3.4.4　稳定性和单值性准则

就稳定性而言，根据 Ponter、Lemaitre 与 Chaboche 的研究，包含内变量的统一本构理论必须服从下面不等式：

$$d\sigma_{ij}d\dot{\varepsilon}_{ij}^{ie} - dV_id\dot{V}_i > 0 \tag{3-146}$$

式中，$d\sigma_{ij}$、$d\dot{\varepsilon}_{ij}^{ie}$、$dV_i$ 和 $d\dot{V}_i$ 表示当前状态下的应力增量、非弹性应变率增量、内变量增量以及内变量速率的增量。该不等式允许经典的塑性流动、蠕变和应力松弛行为。对不稳定材料允许包含负非弹性功的回复现象，前提是相应的内变量变化足够大，使不等式成立。方程(3-146)的基本要求是耗散率必须非负，这也是热力学第二定律的要求。

对于一个恒定的内部状态，应力一个很小的变化会引起非弹性应变率发生相应的改变，即

$$d\sigma_{ij}d\varepsilon_{ij}^{ie} > 0, \quad \dot{V}_k = 0 \tag{3-147}$$

非弹性功的不等式(3-147)等同于 Drucker 关于经典塑性的假设：对于稳定的材料流动，其所做的非弹性功必须非负。对于比例加载，方程(3-143a)和(3-143b)表达的运动方程都是外凸的流动势，且与非弹性应变率正交。因此，非弹性功总是正的，在方程(3-143a)和(3-143b)的基础上建立的统一本构理论就服从不等式(3-144)。

而单值性是指非弹性应变率必须是应力和内变量的单值函数。对于稳定流动，为了满足这个要求，方程(3-143)使得恒应变率的应力-应变曲线的斜率

必须为正，但是必须随应变增加而下降。另外，对于恒非弹性应变或非弹性功的情况，应力-应变曲线的斜率必须为正，但当应变率增加时，该斜率可能增加，也可能下降。

大多数(并不是全部)的统一本构理论满足不等式(3-146)，也满足单值性和稳定性要求。但是，稳定性要求在发展本构理论时并不是必需的。统一本构理论允许有不稳定的非弹性流动出现，一般通过在内变量演化方程和(或)运动方程中包含热软化和连续损伤等软化机制来模拟。

第4章 合金材料在凝固过程中的流变行为

在一些工业生产过程中，如模铸、连铸、焊接过程，都会发生复杂的液相凝固过程。在合金的凝固过程中，液相向固相转变是连续发生的。初期形成的枝晶在液态基体中是完全自由流动的，因此在这个阶段整个合金体系可以从流变学角度去分析，认为其是悬浮液。随着凝固过程继续进行，固相的体积分数逐渐增加，枝晶之间的相互作用开始逐渐增加。在这一阶段，这种液相-固相混合的状态称为固液两相区(或糊状区)。枝晶的生长与相互缠结导致合金的剪切强度增加[26,27]，这一阶段的剪切强度可以达到几千帕。随着固相的逐渐增加，枝晶之间互相交错缠结，糊状区的变形会导致枝晶的重排和变形。此时的剪切强度能够达到0.1~1MPa，并逐渐形成抗拉能力，虽然此时的抗拉强度很低[26,27]。这种糊状区开始产生明显剪切强度的固相分数称为固相混合物的最大填充分数。基于这一观点，当糊状区开始表现出抗拉强度时，即合金在凝固过程中单个的枝晶最初撞击周围枝晶的瞬间，形成了一个枝晶相互交错的脉络贯穿整个凝固区域，因此其本身建立了一个机械的连续性，在这个瞬间的固相体积分数称为枝晶搭接点的固相搭接分数。在这一阶段，还有足够的液相来不断补充枝晶互相搭接形成的骨架之间的间隙，但在枝晶搭接点之后，收缩应力集中在网状的固相上，导致常见的凝固缺陷，如宏观偏析、热裂、收缩、气孔等。

这些现象发生在凝固过程的初期，这一阶段精确地控制温度、变形和应力的分布对于正确预测和避免这些缺陷的产生是非常重要的，除此之外，还能了解连铸和其他存在于凝固过程的其他缺陷、表面裂纹和质量等问题。

4.1 引入内变量参数的本构关系

将固化过程中的合金视为具有黏弹塑性的多孔介质，这个由固体骨架构成的多孔介质可以通过施加外力而使其变得更加致密。此外，由于合金在凝固过程中会形成相互独立的枝晶而具有离散性，形成的枝晶骨架不可能是完全紧密黏结在一起的。这是因为在凝固过程中会形成液态金属薄膜，使得在固液态两相状态下的糊状区不可能是完全黏结的多孔物质[28]。通过引入一个内变量 C 来描述材料在凝固过程中两相糊状区的黏结状态。内变量 C 与作用在枝晶上总的宏观应变量存在相应的关系[29]。当 $C=0$ 时，即无黏性的材料，所有枝晶树突均被金属液润湿，而 $C=1$ 时，是完全黏结的多孔材料，此时仅有被树突隔离的"液体口袋"。

4.1.1　模型框架

流变模型框架的基本结构可以利用从出现明显剪切和抗拉强度时(即合金枝晶搭接点固相体积分数 g_s^{coh})到完全固体状态，利用有效应力 $\hat{\sigma}_s$ 的张量形式对本构方程进行描述，根据静力学的描述，应力张量形式考虑了液体作用在固相的压力 p_l (忽略液体黏度)：

$$\hat{\sigma}_s = \sigma + p_l I \tag{4-1}$$

式中， σ 是宏观应力张量； I 是单位张量。这种方法已广泛应用于土壤力学中，而 Martin 等[30]和 Zavaliangos[31]也将这种方法应用到半固态金属的流变行为中。当引入固体有效应力张量 $\hat{\sigma}_s$ 时，就可以表示出枝晶骨架的黏塑性势的性质。首先假设流动方程为

$$\dot{\varepsilon}_s^p = \frac{\partial \Omega}{\partial \hat{\sigma}_s} \tag{4-2}$$

式(4-2)将固相塑性应变率 $\dot{\varepsilon}_s^p$ 与黏塑性势 $\Omega(\hat{\sigma}_s, g_s, T, C)$ 通过固相体积分数 g_s 、温度 T 、内变量参数 C 联系起来。忽略应力张量第三不变量的影响，黏塑性势可以表示为

$$\Omega(\hat{\sigma}_s, g_s, T, C) = \Omega(\bar{P}_s, \bar{\sigma}_s, T, C) \tag{4-3}$$

式中， $\bar{P}_s$ 、 $\bar{\sigma}_s$ 分别是作用在枝晶骨架上的有效压力(在压缩条件下)和 Mises 屈服应力，且

$$\bar{P}_s = -\frac{1}{3} \text{tr}(\hat{\sigma}_s) \tag{4-4}$$

$$\bar{\sigma}_s^2 = \frac{3}{2} S_s : S_s \tag{4-5}$$

式中， S_s 为作用在固相上的应力偏张量($S_s = \hat{\sigma}_s - \frac{1}{3} \text{tr}(\hat{\sigma}_s) I$)。

4.1.2　黏塑性势

与 Zavaliangos 和 Anand[32]对多孔固体材料的流变行为的描述类似，利用简单幂指数形式表示出高温下固体材料的黏塑性势 Ω^0 :

$$\Omega^0 = \frac{\dot{\varepsilon}_0 s_0}{n+1}\left(\frac{\bar{\sigma}_s}{s_0}\right)^{n+1} \tag{4-6}$$

式中，$\dot{\varepsilon}_0 = A\exp\left(-\frac{Q}{RT}\right)$ 是以 Arrhenius 表达式给出的参考应变率。参数 A、Q、n 和 s_0 描述了固相的流变特性。s_0 可以表示不同维度下的应力，它代表各个方向上对塑性流动抗力的一个平均值，这里假设 s_0 是一个恒定的值。忽略固相的应变硬化效应，Cu-Al 合金在高温下的变形实验已经证实了这一假设[33]。事实上，在高温下进行简单的压缩实验可以证实应变硬化的作用是十分有限的。在固态条件下材料的塑性应变率张量 $\dot{\boldsymbol{\varepsilon}}_s^p$ 可以表示为

$$\dot{\boldsymbol{\varepsilon}}_s^p = \dot{\varepsilon}_0\left(\frac{\bar{\sigma}_s}{s_0}\right)^n\left[\frac{3}{2}\left(\frac{\boldsymbol{S}_s}{\bar{\sigma}_s}\right)\right] \tag{4-7}$$

为了表示出糊状区的黏塑性势，首先要考虑流体饱和孔隙的软化效应，文献[32]和[34]已给出了相应的表达式，这里引入软化方程 F，此方程将全固态下的黏塑性势 Ω^0 与流体饱和孔隙充分黏结材料的黏塑性势($C=1$)联系起来：

$$\Omega^1 = \Omega^0 F(\bar{P}_s, \bar{\sigma}_s, g_s, n) \tag{4-8}$$

对于固相比例分数高、孔隙比例分数低的条件，采用一种简化形式的软化方程 F：

$$F(X, g_s, n) = (A_2 X^2 + A_3)^{\frac{n+1}{2}} \tag{4-9}$$

式中，X 为应力三轴度($X = \bar{P}_s/\bar{\sigma}_s$)，$A_2$ 和 A_3 是固相分数函数[34]，有

$$A_2 = \frac{9}{4}\left\{n\left[(1-g_s)^{-\frac{1}{n}} - 1\right]\right\}^{\frac{-2n}{n+1}}, \quad A_3 = \left[1 + \frac{2}{3}(1-g_s)\right](g_s)^{\frac{-2n}{n+1}} \tag{4-10}$$

式(4-8)~式(4-10)描述了部分合金在凝固将近结束阶段的行为，此时仍有液相的存在，如图 4-1(a)所示。而图 4-1(b)表示在凝固将近结束时仍有液态薄膜存在，这种薄膜的存在对合金的流变行为有重要的影响：首先晶粒之间并

没有完全结合(应变的传递并不完全通过固相);在宏观应力的作用下晶粒之间能够重新排列。图 4-2[33]为相同的合金在相同的应变率下、$g_s = 1$ 和 $g_s = 0.99$ 时流变行为的差异。可以发现,在应变不到 0.01 的条件下,全固相合金应力会达到稳定的状态,而存在极少量的液相合金在应变 0.1~0.2 时其应力才逐渐达到稳定状态,且应力值明显小于全固相条件下的值,即使此时的固相比例已经非常高。

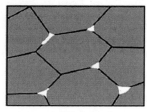

(a) 全黏结多孔合金

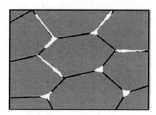

(b) 部分黏结多孔合金

图 4-1　多孔合金

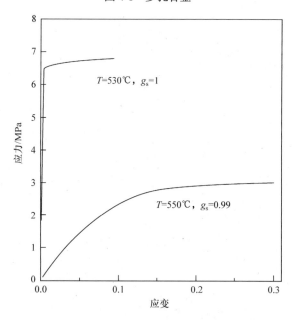

图 4-2　Al-2%Cu 合金在相同应变率、不同固相分数下流变应力差异(应变率为 0.001s⁻¹)

出现这种明显的"应变硬化"主要是由部分黏结的枝晶骨架产生的,黏塑性势中为了将这种影响在本构关系中表现出来,引入了内变量参数 $C(0 \leqslant C \leqslant 1)$,其描述如下:

$$\varOmega = \varOmega^0 \frac{F}{C^n} \tag{4-11}$$

当 $C=1$ 时，对应于全黏结多孔材料式(4-8)，当 C 趋于 0 时，则代表所有的晶粒全部被金属液体包围。将软化方程 F 代入式(4-8)中得到黏塑性势方程：

$$\varOmega = \frac{\dot{\varepsilon}_0}{(n+1)(Cs_0)^n} \left(A_2 \bar{P}_s^2 + A_3 \bar{\sigma}_s^2 \right)^{\frac{n+1}{2}} \tag{4-12}$$

式中，Cs_0 表示晶粒对塑性流动变形抗力的平均值。利用正交法得到处于糊状区部分黏结的固相塑性应变率张量为

$$\dot{\boldsymbol{\varepsilon}}_s^p = \frac{\dot{\varepsilon}_0}{(Cs_0)^n} \left(-\frac{A_2}{3} \bar{P}_s \boldsymbol{I} + \frac{3}{2} A_3 \boldsymbol{S}_s \right) \left(A_2 \bar{P}_s^2 + A_3 \bar{\sigma}_s^2 \right)^{\frac{n-1}{2}} \tag{4-13}$$

式(4-13)是糊状区的本构方程。当糊状区固相体积分数小于 1 时，构成糊状区的枝晶骨架具有应力敏感性($A_2>0$)。与此同时，根据式(4-9)可以得到软化方程 F 与应力三轴度 X 相关，因此对于一个给定的黏结参数 C，当 $X<0$ 时，糊状区处在拉应力的条件下，相反，糊状区处在压应力条件下。已有实验证明，拉应力和压应力具有明显的不对称性，对于部分凝固的合金，相比于压应力合金，对于拉应力的响应较弱[30]。在模型中，这种不对称性通过内变量参数 C 来表征。此本构方程的优点在于包含了流动势(式(4-2))。

4.1.3　内变量演化方程

假设部分凝固糊状区的内变量 C 的变化是由固相晶粒重新排列产生的，推导过程中首先将 C 分成两部分：一部分可以使其增加，记作 $\mathrm{Inc}(C, \dot{\boldsymbol{\varepsilon}}_s^p)$；另一部分使其降低，记作 $\mathrm{Dec}(C, \dot{\boldsymbol{\varepsilon}}_s^p)$。因此，内变量 C 可以表示为

$$\frac{\mathrm{d}C}{\mathrm{d}t} = \mathrm{Inc}(C, \dot{\boldsymbol{\varepsilon}}_s^p) - \mathrm{Dec}(C, \dot{\boldsymbol{\varepsilon}}_s^p) \tag{4-14}$$

C 的增加主要是由于枝晶之间黏结程度的增加以及枝晶之间连接点的增加，这个增加在宏观上可以认为是枝晶的重新排列，也可以近似认为是每一个枝晶的微观变形。因此，C 的变化率与固相塑性应变率 $\dot{\boldsymbol{\varepsilon}}_s^p$ 是相关的，认为其增加率是与 $1-C$ 呈比例关系的，随着 C 逐渐增加到 1 而减小：

$$\mathrm{Inc}(C, \dot{\boldsymbol{\varepsilon}}_s^p) = \alpha(1-C)\dot{\boldsymbol{\varepsilon}}_s^p \tag{4-15}$$

式中，α 是材料常数。

相反，枝晶间的黏结力会由于局部枝晶臂的断裂或枝晶之间的接触而消失。降低的机制主要由固相分数或枝晶形态之一为主导，因此根据这两种机制给出了 $\mathrm{Dec}(C, \dot{\boldsymbol{\varepsilon}}_s^p)$ 两种不同的表达式。

如果黏结力减小是由局部枝晶断裂引起的，那么假设枝晶的断裂由黏塑性变形导致，变形尺度发生在枝晶臂之间。因此，C 的减小速率与微观应变率 $\dot{\varepsilon}_{\mathrm{micro}}$ 相对应，$\mathrm{Dec}(C,\dot{\varepsilon}_{\mathrm{s}}^{\mathrm{p}})$ 与 C 呈线性关系，当枝晶间黏结力为零时，没有断裂发生。同样，$\mathrm{Dec}(C,\dot{\varepsilon}_{\mathrm{s}}^{\mathrm{p}})$ 也与 $1-C$ 呈比例关系，因此如果 C 为 1，则没有断裂发生。在这种条件下，$\mathrm{Dec}(C,\dot{\varepsilon}_{\mathrm{s}}^{\mathrm{p}})$ 可以写为

$$\mathrm{Dec}_0(C,\dot{\varepsilon}_{\mathrm{s}}^{\mathrm{p}}) = \beta_0(1-C)\dot{\varepsilon}_{\mathrm{micro}} \tag{4-16}$$

黏结力减小是因为枝晶移动使枝晶间界面重排、分离而导致枝晶之间的接触消失，但 $\mathrm{Dec}(C,\dot{\varepsilon}_{\mathrm{s}}^{\mathrm{p}})$ 仍然与 C 呈比例关系，当黏结力趋于零时，枝晶之间没有发生接触。在这种条件下，黏结力的尺度应与宏观应变率相关，因此 $\mathrm{Dec}(C,\dot{\varepsilon}_{\mathrm{s}}^{\mathrm{p}})$ 为

$$\mathrm{Dec}_1(C,\dot{\varepsilon}_{\mathrm{s}}^{\mathrm{p}}) = \beta_1 C \dot{\varepsilon}_{\mathrm{s}}^{\mathrm{p}} \tag{4-17}$$

根据式(4-16)和式(4-17)可知，C 的极限值分别为 $C_0^* = (\alpha_0/\beta_0)^{1/(n+1)}$ 和 $C_1^* = \alpha_1/(\alpha_1+\beta_1)$，故式(4-14)可以写为

$$\frac{\mathrm{d}C}{\mathrm{d}t} = \alpha_0(1-C)\left(1-\frac{C}{C_0^{*n+1}}\right)\dot{\varepsilon}_{\mathrm{s}}^{\mathrm{p}} \tag{4-18}$$

或

$$\frac{\mathrm{d}C}{\mathrm{d}t} = \alpha_1\left(1-\frac{C}{C_1^*}\right)\dot{\varepsilon}_{\mathrm{s}}^{\mathrm{p}}$$

4.2　基于热-力模型凝固过程的流变学本构关系

4.2.1　热控制方程

使用非耦合的方法，在一个最初只有液相区的固定区域首先对其热控制方程进行求解，将温度的求解结果导入随后的力学分析方程中。瞬态能量方程的形式如下[35]：

$$\rho\left(\frac{\partial H(T)}{\partial t}\right) = \nabla \cdot (k(T)\nabla T) \tag{4-19}$$

边界条件为[35]

$$T = \hat{T}(x,t) \tag{4-20}$$

$$(-k\nabla T)\cdot \boldsymbol{n} = \hat{q}(x,t) \tag{4-21}$$

$$(-k\nabla T)\cdot \boldsymbol{n} = h(T-T_\infty) \tag{4-22}$$

式中，ρ 为密度；k 为导热系数；H 为包括凝固潜热的焓；$\hat{T}$ 为规定的边界温度；$\hat{q}$ 为规定的边界热通量；h 为规定边界上的对流系数；T_∞ 为环境温度；$\mathbf{n}$ 为规定域表面的单位法向量。式(4-20)～式(4-22)分别表示给定温度的第一类边界条件、给定热流密度的第二类边界条件、给定对流换热系数及环境温度的第三类边界条件。

4.2.2　力控制方程

在凝固过程中，若某一区域发生了很小的应变，则这一区域可能产生裂纹，因此假设模型的建立基于小应变条件，即空间位移梯度 $\nabla \mathbf{u} = \dfrac{\partial \mathbf{u}}{\partial x}$ 非常小，$\nabla \mathbf{u} : \nabla \mathbf{u} \approx 1$，则线性应变张量为

$$\boldsymbol{\varepsilon} = \frac{1}{2}[\nabla \mathbf{u} + (\nabla \mathbf{u})^{\mathrm{T}}] \tag{4-23}$$

这里柯西应力张量是由名义应力张量 $\boldsymbol{\sigma}$ 和初始构形体力密度 $\mathbf{b}$ 定义的：

$$\nabla \cdot \boldsymbol{\sigma}(x) + \mathbf{b} = 0 \tag{4-24}$$

边界条件：规定的位移 $\mathbf{u} = \hat{\mathbf{u}}$ 在给定位移表面 A_u，表面力 $\boldsymbol{\sigma} \cdot \mathbf{n} = \boldsymbol{\Phi}$ 在给定的表面上定义为一个准静态边值问题。该黏弹塑性模型中总应变的速率表达式为

$$\dot{\boldsymbol{\varepsilon}} = \dot{\boldsymbol{\varepsilon}}^{\mathrm{e}} + \dot{\boldsymbol{\varepsilon}}^{\mathrm{ie}} + \dot{\boldsymbol{\varepsilon}}^{\mathrm{th}} \tag{4-25}$$

式中，$\dot{\boldsymbol{\varepsilon}}^{\mathrm{e}}$、$\dot{\boldsymbol{\varepsilon}}^{\mathrm{ie}}$、$\dot{\boldsymbol{\varepsilon}}^{\mathrm{th}}$ 分别表示弹性应变率、非弹性应变率和热应变率张量。应力张量变化率取决于弹性应变率，对于各向同性的线性材料且忽略转动，其应力变化率表示为

$$\dot{\boldsymbol{\sigma}} = \underline{\underline{\mathbf{D}}} : (\dot{\boldsymbol{\varepsilon}} - \boldsymbol{\varepsilon}^{\mathrm{ie}} - \boldsymbol{\varepsilon}^{\mathrm{th}}) \tag{4-26}$$

$\underline{\underline{\mathbf{D}}}$ 是各向同性的四阶模量：

$$\underline{\underline{\mathbf{D}}} = 2G\underline{\underline{\mathbf{I}}} + \left(K - \frac{2}{3}G\right)\mathbf{I} \otimes \mathbf{I} \tag{4-27}$$

式中，G 和 K 分别为剪切模量和体积模量，且都随温度而变化；$\underline{\underline{\mathbf{I}}}$ 和 $\mathbf{I}$ 分别为四阶单位张量和二阶单位张量；$\otimes$ 表示张量积(并矢)。

4.2.3　黏塑应变性模型

黏塑性应变包含两部分：一部分是与应变率无关的塑性；另一部分是与时间相关的蠕变变形。在高温凝固过程中，蠕变变形非常重要，其本身与塑

性变形没有本质区别[36]。Kozlowski 等提出了一种统一形式，建立了非弹性应变、温度、应变率和钢中奥氏体碳含量之间的关系：

$$\dot{\bar{\varepsilon}}^{ie} = f(\bar{\sigma}, T, \bar{\varepsilon}^{ie}, \%C) \tag{4-28}$$

式中，$\dot{\bar{\varepsilon}}^{ie}$ 为等效非弹性应变率，它是关于等效应力、温度、等效非弹性应变和碳含量的方程；%C 表示碳含量。等效应力可以表示为

$$\sigma = \sqrt{\frac{3}{2}\sigma'_{ij}\sigma'_{ij}} \tag{4-29}$$

$$\sigma'_{ij} = \sigma_{ij} - \frac{1}{3}\sigma_{ij}\delta_{ij} \tag{4-30}$$

式中，σ'_{ij} 为应力偏张量。

与 Kozlowski 模型类似，Anand[37]和 Boehmer 等[38]也提出了一种黏塑性本构模型，模型中同样不包含屈服面，材料的瞬时响应仅取决于材料所处的状态：

$$\dot{\bar{\varepsilon}}^{ie} = A\exp\left(-\frac{Q}{T}\right)\left[\sinh\left(\xi\frac{\bar{\sigma}}{s}\right)\right]^{\frac{1}{m}} \tag{4-31}$$

式中，s 是一个标量，表示发生各向同性非弹性应变时的变形抗力(MPa)，

$$\dot{s} = \left[h_0\left|1-\frac{s}{s^*}\right|^a \text{sign}\left(1-\frac{s}{s^*}\right)\right]\dot{\bar{\varepsilon}}^{ie} \tag{4-32}$$

其中

$$s^* = \bar{s}\left(\frac{\dot{\bar{\varepsilon}}^{ie}}{A}\exp\left(\frac{Q}{T}\right)\right)^n \tag{4-33}$$

Q 为激活能；A 为指数前因子；m 为应变率敏感指数；h_0 为硬化/软化常量；$\bar{s}$ 为 s 的极限值；n 为应变率敏感指数极限值；a 为应变硬化/软化敏感指数。

热应变 ε^{th} 是由温度差及相变引起的体积变化而导致的，包括凝固收缩和固态相变：

$$(\varepsilon^{th})_{ij} = \int_{T_0}^{T}\alpha(T)\mathrm{d}T\delta_{ij} \tag{4-34}$$

式中，α 是随温度变化的热膨胀系数；T_0 是一个任意的参考温度，但不同的 T_0 对热膨胀系数是有影响的；δ_{ij} 为克罗内克符号。

第5章　流变学在铸造及半固态成形过程中的应用

在铸造、连铸及半固态成形过程中，液态金属的流动和凝固后的变形等问题都与流变学的研究内容紧密相关。在以往的研究中，已习惯于把液态金属视为牛顿流体，再利用弹塑性理论分析铸件冷却过程的热应力和变形，但大多数材料不仅有弹性，而且是既有黏性又有塑性的非牛顿流体。因此，流变学把黏性、弹性和塑性结合起来研究金属铸造、连铸及半固态成形过程中的流动与变形性能是比较符合实际的，也成为近年来该领域关注的重要课题。

5.1　铝硅合金的铸造流变特性

5.1.1　模型建立

处于结晶温度范围内的铝硅合金，可能具有一定的塑性，因此在测定时给合金施加两种不变的应力，一种是小于合金的屈服应力，另一种是大于合金的屈服应力。图 5-1 给出了这两种应力情况下所测得的 A7 铝硅合金在固液两相区的变形量与时间的关系曲线。在加载开始后经 12min 即卸载，卸载后继续记录变形与时间的关系，至 t=24min 停止实验。

观察图 5-1(a)，在开始加载时，即在合金上作用切应力的瞬间，即刻出现一小变形，但此变形量并非其最终的变形量，随着时间的推移，变形量逐渐加大，大约在 8min 时，变形量达到一定数值并稳定下来。自此以后，变形量总保持一个常数。在 12min 时，撤去载荷，合金立刻出现一个小的下降，随着时间的推移，原有变形量继续变小，直到某一时刻，变形全部消失。根据流变曲线得到应力小于屈服极限时的流变性能主要如下：

(1) 观察曲线，合金变形在卸载后可完全消失，可知合金具有完全弹性体的特点；由于没有残余变形的特点，可知合金变形中没有塑性变形和黏性变形的部分。但这种弹性变形是胡克弹性体变形还是 Kelvin 弹性体变形并不能确定。

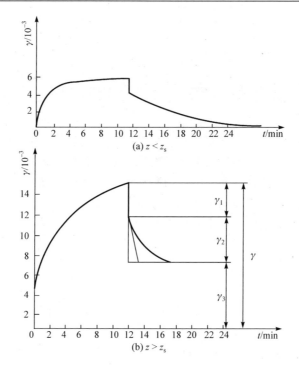

图 5-1　结晶温度中 A7 铝硅合金变形量与时间的关系曲线[39]

　　(2) 在加载时变形不是即刻到达最大值，而是在一定应力作用下发生蠕变，经一定时间后变形达到稳定值。卸载后，合金变形又是陆续消失的情况，可以认为合金的变形成分中含有 Kelvin 成分，因为 Kelvin 体恰好具有弹性后效流变的特点。

　　(3) 在 $t=0$ 时，合金即刻产生小的变形量，$t=12\text{min}$ 卸载时，合金立刻出现一部分变形量减少的情况，可以推断在合金的流变模型中必定有一串联的胡克体。

　　图 5-1(b)曲线是在应力较大的情况下得到的。$t=0$ 时，合金立刻出现较大变形，除了数值不同外，这一情况与图 5-1(a)曲线的情况是相似的。同样，随着时间的推移，材料发生蠕变，可以发现曲线并没有达到最大水平，即变形可以一直延续下去。$t=12\text{min}$ 卸载时，曲线与图 5-1(a)也类似，出现即时的变形量，减小 γ_1，随着时间的推移，变形量继续减小，但变形并不完全消失，而是减小至某一数值后便保持一定值，得到了残余变形量 γ_3。因此，A7 铝硅合金在切应力大于屈服极限时的流变性能特点如下。

(1) 在 $t=0$ 加载时和 $t=12\text{min}$ 卸载时，都出现了即时的变形量，并且它们的数值都很接近，为 γ_1，说明流变模型中串联了一个胡克体。

(2) 具有弹性后效现象，弹性后效的总变形量为 γ_2。

(3) 与图 5-1(a)的曲线相比较，图 5-1(b)出现了残余变形量 γ_3，说明合金变形中有牛顿体黏性流动，但这种牛顿体并不是以串联的形式存在于模型之中的。因为在 $\tau < t_s$ 时，这种残余变形并没有出现，故结晶温度范围内 A7 合金的流变模型中不可能有 Maxwell 体，但此种残余变形可由 Bingham 体等模型表现出来。

(4) 根据图 5-1 的曲线可知，在剪切应力较小和较大时，残余变形无和有的不同说明合金具有屈服极限，它的流变模型中应有圣维南体。

根据上述分析，可以建立铝硅合金处于固液相线温度范围内的流变模型，步骤如下。

(1) 由 $t=0$ 和 $t=12\text{min}$ 时曲线上的垂直部分得出，流变模型中串联有胡克体，则可得到流变模型的基本公式为

$$T = H_1 - X_1 \tag{5-1}$$

式中，T 为合金本身流变模型符号；X_1 为 T 模型中可能出现但尚未确定的组成部分。

(2) 有合金具有屈服极限的流变特性，尤其是 Bingham 体可能表现出此种特性，因此可以从 X_1 中分离出 $STV \mid N_1$ 来，使其与串联的 H_1 组成 Bingham 体，则合金的流变模型可以进一步写为

$$T = H_1 - (STV \mid N_1) - X_2 = B - X_2 \tag{5-2}$$

式中，X_2 为 T 模型中尚未确定的组成部分。

(3) 由图 5-1(b)曲线中 $t=12\text{min}$ 时合金总变形量为 $\gamma = \gamma_1 + \gamma_2 + \gamma_3$ 的情况，可知 γ_1 为胡克体的变形量，即相当于式(5-2)中 H_1 的变形量；γ_3 由式(5-2)中的 $STV \mid N_1$ 引起；而剩下的弹性后效变形量 γ_2 应该由式(5-2)中的 X_2 引起，因此可以断定 X_2 应该为 Kelvin 体 $(H_2 \mid N_2)$。所以，在结晶温度范围内，铝硅合金的流变模型应该为

$$T = H_1 - (STV \mid N_1) - (H_2 \mid N_2) \tag{5-3}$$

结晶温度范围内，A7 铝硅合金流变模型如图 5-2 所示。而它的三维坐标流变曲线 $(\tau_c > \tau_s)$ 如图 5-3 所示。由图可知，当 $t=0$ 时，加载使切应力 $\tau_c = \text{const}$，由于串联胡克体的即时变形，得到直线 Oa。因为 $\tau_c > \tau_s$，所以随后曲线在 $\tau_c = \text{const}$ 的面内按曲线 ab 延伸，其形状由串联的 $(STV \mid N_1) -$

$(H_2 | N_2)$ 决定。在 $\tau = \tau_1$ 时，卸去载荷，由于胡克体的存在，在 $\tau = \tau_1$ 平面内立刻得到直线 bc，其斜率和长度应与直线 Oa 相同。然后在 Kelvin 体的作用下，在 $\tau = 0$ 的平面内得到曲线 cd，最后由 STV$|N_1$ 得到直线 de，它平行于 Ot 轴。

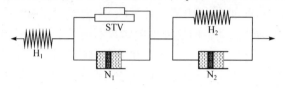

图 5-2　A7 铝硅合金的流变模型

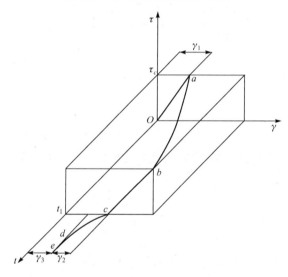

图 5-3　A7 铝硅合金三维坐标流变曲线

5.1.2　数学方程建立

根据 5.1.1 节中所得到的铝硅合金流变模型，可以进行结晶温度范围内 A7 合金流变学本构方程的推导。首先由模型可得

$$\tau = \gamma_1 G_1 \tag{5-4}$$

$$\tau = \gamma_2 G_2 + \eta_2 \gamma_2 \tag{5-5}$$

$$\gamma_3 = \begin{cases} 0, & \tau \leqslant \tau_s \\ \dfrac{1}{\eta_1}(\tau - \tau_s), & \tau > \tau_s \end{cases} \tag{5-6}$$

$$\gamma = \gamma_1 + \gamma_2 + \gamma_3 \tag{5-7}$$

式(5-4)由模型中胡克体 H_1 而得；式(5-5)由模型中串联的 Kelvin 体 $(H_2 \mid N_2)$ 而得；式(5-6)由串联的 $N_1 \mid STV$ 而得；而式(5-7)是由模型整体结构得出的。对于合金的等温变形情况，它的 G_1、G_2、η_1、η_2、τ_s 应该都是常数。

由式(5-4)～式(5-7)，通过数学运算可得

$$\dot{\gamma} = \frac{\dot{\tau}}{G_1} + \frac{1}{\eta_2}\left(G_1 + G_2\right)\frac{\tau}{G_1} - \frac{G_2}{\eta_2}\gamma, \quad \tau \leqslant \tau_s \tag{5-8}$$

$$\dot{\gamma} = \frac{\eta_1}{G_2}\left[\frac{\ddot{\tau}}{G_1} + \left(\frac{G_1}{\eta_1} + \frac{G_1 + G_2}{\eta_2}\right)\frac{\dot{\tau}}{G_1} + \frac{G_2}{\eta_2}\frac{\tau - \tau_s}{\eta_1} - \ddot{\gamma}\right], \quad \tau > \tau_s \tag{5-9}$$

若在合金上所施加的载荷为常值，则上面两式中 $\tau = \tau_c = \text{const}$，故 $\dot{\tau} = 0$，$\ddot{\tau} = 0$，相应可得

$$\dot{\gamma} = \frac{G_2}{\eta_1}\left[\left(\frac{1}{G_1} + \frac{1}{G_2}\right)\tau_c - \gamma\right], \quad \tau < \tau_s \tag{5-10}$$

$$\dot{\gamma} = \frac{\tau - \tau_s}{\eta_1} - \frac{\eta_2}{G_2}\ddot{\gamma}, \quad \tau > \tau_s, \tau > 0 \tag{5-11}$$

式(5-10)为 γ 的线性微分方程，它的解为

$$\gamma = \frac{\tau_c}{G_1} + \frac{\tau_c}{G_2}\left[1 - \exp\left(-\frac{G_2}{\eta_2}t\right)\right], \quad \tau_c > \tau_s \tag{5-12}$$

式(5-11)为 γ 的二次微分方程，利用对二次微分方程的求解方法，可得

$$\gamma = \frac{\tau_c}{G_1} + \frac{\tau_c}{G_2}\left[1 - \exp\left(-\frac{G_2}{\eta_2}t_1\right)\right] + \frac{\tau_c - \tau_s}{\eta_1}t, \quad \tau_c > \tau_s \tag{5-13}$$

式(5-13)中的 τ_c / G_1 项为合金流变模型中串联的胡克体 H_1 的应变 γ_1；而 $\frac{\tau_c}{G_2}\left[1 - \exp\left(-\frac{G_2}{\eta_2}t\right)\right]$ 为模型中 Kelvin 体 $H_2 \mid N_2$ 的应变值 γ_2；而 $\frac{\tau_c - \tau_s}{\eta_1}t$ 为模型中所串联的 Bingham 体的一部分 $STV \mid N_1$ 在 $\tau_c > \tau_s$ 时多出现的应变值 γ_3。若 $\tau_c \leqslant \tau_s$，则 $STV \mid N_1$ 不能变形，故 $\frac{\tau_c - \tau_s}{\eta_1}$ 项应为零，式(5-13)变为式(5-12)。

5.2　连续铸钢

提高连铸坯产量的重要途径是发展高生产率的大型板坯连铸机和提高连铸机的拉坯速度。铸坯断面增大，拉速提高，冶金长度加长，铸坯的变形将变得更加复杂。变形和变形速率过大都会引起铸坯内裂，降低铸坯质量，甚至会引起漏钢事故。因此，合理地控制连铸坯在各个阶段的变形是生产高质量铸坯的保证。

铸坯自结晶器出口至拉矫区各段的变形由钢水静压力引起的鼓肚变形、辊子不对中引起的错弧变形及矫直区矫直变形三部分组成。正确计算铸坯变形是连铸机辊列设计、拉矫机设计的依据。目前对这三部分变形的计算还很不完善。一般采用弹性梁模型，计算结果与实际有很大误差，再根据经验加以修正。即使这样，也很难反映连铸坯变形的真实情况。本节根据铸坯的实际工况，应用材料流变学理论对铸坯的变形进行了黏、弹、塑性分析。

5.2.1　模型建立

随着拉坯速度提高和冶金长度增加，为防止铸坯产生过大的变形，现代板坯连铸机的设计大量采用了密排辊列[40]。因此，铸坯的宽度与辊距之比均大于 3，这样坯壳的变形可视为受均布载荷 q(钢水静压力)，两边固支，其中一个固支边发生某一位移 Δ(辊子发生的错弧)的长矩形板的弯曲问题；考虑到板受纵向载荷 N(辊子对铸坯作用的拉弯坯力)，这样板所发生的变形为柱形弯曲问题。所以，完全可以把单位宽度的一小条看成一长度为 l 的矩形截面梁，如图 5-4 所示。

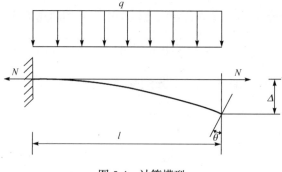

图 5-4　计算模型

坯壳的变形不仅有弹性变形，而且会伴随着高温蠕变变形及黏性变形，在矫直区还有一定的塑性变形。因此，铸坯在不同时期的变形模型是不同的，鼓肚变形应满足 Maxwell 蠕变模型，即黏弹性变形。错弧变形因为受辊子的约束，不可能有过大的黏塑性变形，所以可以认为只有弹性变形。矫直变形既有弹性变形、黏性变形，还有塑性变形，所以矫直变形应满足 Bingham 应力松弛模型，即黏-弹-塑性变形，如图 5-5 所示。

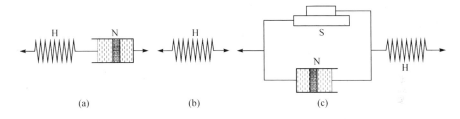

(a)　　　　　　　(b)　　　　　　　(c)

图 5-5　矫直变形的应力松弛模型

5.2.2　弹性变形

鼓肚变形是在钢水静压力 q、拉坯力 N 作用下产生的，其边界条件为

$$x = 0, \quad x = l, \quad w_b = 0, \quad \frac{\mathrm{d}w_b}{\mathrm{d}x} = 0 \tag{5-14}$$

式中，w_b 为鼓肚变形量。

利用里茨法，设挠曲线方程为

$$w_b = Ax^2(l-x)^2 \tag{5-15}$$

式中，A 为待定系数。

此时梁的总势能为

$$\varPi = \int_0^l \left[\frac{D}{2}\left(\frac{\mathrm{d}w}{\mathrm{d}x^2}\right)^2 + \frac{N}{2}\left(\frac{\mathrm{d}w}{\mathrm{d}x}\right)^2 - qw \right]\mathrm{d}x \tag{5-16}$$

将式(5-15)代入式(5-16)并取极值，即根据最小势能原理，得

$$A = \frac{1}{24D}\left(\frac{1}{1+\dfrac{Nl^2}{42D}}\right) = \frac{7q}{4(42D+Nl^2)} \tag{5-17}$$

式中，$D = \dfrac{ES^2}{12(1-v^2)}$ 为梁的抗弯刚度。

将式(5-17)代入式(5-15)得梁的挠曲线方程即铸坯鼓肚变形量的弹性部分为

$$w_b = \frac{7q}{4(42D + Nl^2)} x^2(l - x)^2 \tag{5-18}$$

对于错弧及矫直变形，如图 5-4 所示，边界条件为

$$\begin{cases} x = 0, \quad w_{u,m} = 0, \quad \dfrac{dw_{u,m}}{dx} = 0 \\[2mm] x = l, \quad w_{u,m} = \varDelta, \quad \dfrac{dw_{u,m}}{dx} = \theta \end{cases} \tag{5-19}$$

梁的总余能为

$$\varPi_c = \int_0^l \frac{M^2}{2D} dx - \varDelta P_l - \theta M_l \tag{5-20}$$

式中，弯矩 M 为

$$M = M_l + P_l(l - x) \tag{5-21}$$

将式(5-21)代入式(5-20)并取变分，即根据最小余能原理，得

$$\begin{cases} M_l = -\dfrac{6D}{l^2} \varDelta + \dfrac{4D}{l} \theta \\[2mm] P_l = -\dfrac{12D}{l^3} \varDelta + \dfrac{6D}{l^2} \theta \end{cases} \tag{5-22}$$

$$M = \left(\frac{4D}{l^3} \theta - \frac{6D}{l^2} \varDelta \right) + \left(\frac{6D}{l^2} \theta - \frac{12D}{l^3} \right)(l - x) \tag{5-23}$$

对式(5-23)积分两次，并利用式(5-19)的边界条件得错弧及矫直变形量为

$$w_{u,m} = \frac{\varDelta}{l^3}(3l - 2x)x^2 - \frac{\theta}{l^2}(l - x)x^2 \tag{5-24}$$

因此，总的弹性变形量为

$$w = w_b + w_{u,m}$$

$$= \frac{7q}{4(42D + Nl^2)} x^2(l - x)^2 + \frac{\varDelta}{l^3}(3l - 2x)x^2 - \frac{\theta}{l^2}(l - x)x^2 \tag{5-25}$$

弹性总应变为

$$\varepsilon_e = \varepsilon_{eb} + \varepsilon_{u,m}$$

$$= -\frac{7Dqz}{2(42D + Nl^2)}(l^2 - 6lx + 6x^2) - \frac{6\varDelta}{l^3}(l - 2x) + \frac{2\theta}{l^2}(l - 3x) \tag{5-26}$$

式中，ε_{eb} 为鼓肚引起的弹性应变；$\varepsilon_{u,m}$ 为错弧与矫直引起的弹性应变。

弹性应力为

$$\sigma = \sigma_b + \sigma_{u,m} = \frac{E\varepsilon_e}{1 - v^2}$$

$$= -\frac{42Dqz}{S^3(42D + Nl^2)}(l^2 - 6lx + 6x^2) - \frac{6E\varDelta}{(1 - v^2)l^3}(l - 2x) + \frac{2E\theta}{(1 - v^2)l^2}(l - 3x)$$

$$\tag{5-27}$$

式中，σ_b 为鼓肚引起的弹性应力；$\sigma_{u,m}$ 为错弧与矫直引起的弹性应力。

铸坯对辊子的反力 P 及力矩 M 为

$$P = -D\frac{d^3w}{dx^3} = -\frac{21Dql}{42D + Nl^2} - \frac{12D}{l^3}\varDelta + \frac{6\theta}{l^2}D \tag{5-28}$$

$$M = -D\frac{d^2w}{dx^2} = -\frac{21Dql^2}{42D + Nl^2} + \frac{6D}{l^2}\varDelta - \frac{4D}{l}\theta \tag{5-29}$$

式(5-25)～式(5-29)中，θ 可由具体的矫直关系确定，如采用多点矫直时，

$\varepsilon_u = z\left(\dfrac{1}{R_1} - \dfrac{1}{R_2}\right) = \dfrac{4\theta}{l}z$ ，$\theta = \dfrac{l}{4}\left(\dfrac{1}{R_1} - \dfrac{1}{R_2}\right)$。对铸坯进行压缩矫直时，$N<0$，由式(5-25)可得临界压力为

$$N_{cr} = \frac{42D}{l^2} \tag{5-30}$$

所以采用压缩矫直，压缩反力 N 必须小于 N_{cr}。

5.2.3　黏塑性变形

铸坯在高温状态下基本满足 Bingham 模型，如图 5-5 所示，即应力-应变(σ-ε)关系为

$$\sigma + \frac{k}{E}\dot{\sigma} = \sigma_s + k\dot{\varepsilon} \tag{5-31}$$

若 $\sigma_s = 0$ ，则为 Maxwell 模型，坯壳的鼓肚变形应满足此关系。

当外力一定时，应力达到某一常量，变形随时间的推移将继续发生，当 $\sigma > \sigma_s$ 时，还会发生塑性变形。

当 σ 为常数时，式(5-31)为

$$\sigma = \sigma_s + k\dot{\varepsilon}$$

$$\dot{\varepsilon} = \frac{1}{k}(\sigma - \sigma_s)$$

因此可得 $\dot{\varepsilon} = \frac{1}{k}(\sigma - \sigma_s)t + c_0$ 。当 $t = 0$ 时， $c_0 = \varepsilon_e$ 。 ε_e 为时间 $t=0$ 时的瞬时弹性应变，最终可得应变为

$$\varepsilon = \frac{1}{k}(\sigma - \sigma_s)t + \varepsilon_e \tag{5-32}$$

故铸坯在各阶段的变形模型各不相同，对于错弧变形，只有弹性变形，其挠度和应变为

$$w_m = \frac{\varDelta}{l^3}(3l - 2x)x^2 \tag{5-33}$$

$$\varepsilon_m = \frac{6\varDelta}{l^3}(l - 2x)z \tag{5-34}$$

对于鼓肚变形，其不仅有瞬时弹性变形，而且有蠕变变形。在式(5-32)中令 $\sigma_s = 0$ ，从而得到

$$\varepsilon_b = \frac{\sigma_b}{k} + \varepsilon_{eb}$$

式中，鼓肚引起的弹性应变 ε_{eb} 和弹性应力 σ_b 分别取自式(5-26)和式(5-27)中的第一项。最终的鼓肚应变和鼓肚变形量为

$$\begin{aligned}
\varepsilon_b &= \varepsilon_{eb} + \frac{E\varepsilon_{eb}}{1-v^2}\frac{t}{k} \\
&= \left(1 + \frac{1}{1-v^2}\frac{E}{k}t\right)\left[-\frac{7Dqz}{2(42D + Nl^2)}(l^2 - 6lx + 6x^2)\right]
\end{aligned} \tag{5-35}$$

$$w_b = \left(1 + \frac{1}{1-v^2}\frac{E}{k}t\right)\frac{7x^2(l-x)^2}{4(42D + Nl^2)} \tag{5-36}$$

矫直变形是变形达到一定的情况下，以及 $t=0$ 时初应变 $\varepsilon = \varepsilon_0$ 时，应力的松弛过程，它应满足 Bingham 应力松弛模型，如图 5-5 所示，在式(5-31)中 ε 为常量，$\dot{\varepsilon} = 0$，有

$$\sigma + \frac{k}{E}\dot{\sigma} = \sigma_s$$

由此可得

$$\sigma = \sigma_s + (\sigma_0 - \sigma_s)\mathrm{e}^{-\frac{k}{E}t} \tag{5-37}$$

$\sigma_0 = E\varepsilon_0$ 为初始应力，显然 $\sigma_0 > \sigma_s$，发生塑性变形。随着时间的推移，应力逐渐松弛，变形不再恢复，完成矫直过程。

初始应变可由具体的矫直方式确定，如多点矫直时，$\varepsilon_0 = z\left(\dfrac{1}{R_1} - \dfrac{1}{R_2}\right)$。

5.2.4　计算案例

某钢厂连铸机，铸坯尺寸为 250mm×1400mm，拉坯速度 $v=1.4$m/min，凝固系数 $k=25$mm/min$^{1/2}$，缓冷，铸坯表面温度为 900℃。

宝钢连铸机设计时，计算鼓肚变形量所采用的公式为

$$w_b = \frac{\eta_l \alpha_n P l^4 \sqrt{t_s}}{32ES^3} \tag{5-38}$$

式中，η_l 和 α_n 分别为铸坯宽度和形状修正系数，对于板坯，$\eta_l \alpha_n = 1$；t_s 为铸坯经过辊距 l 所需的时间，$t_s = \dfrac{l}{v}$，单位为 min，E 为修正的弹性模量：

$$E = 9.81 \times \frac{T_{s0} - T_m}{T_{s0} - 100} \times 10^3 \quad \text{(MPa)} \tag{5-39}$$

这里的计算公式所采用的未经修正的高温弹性模量

$$E = 9.81 \times \frac{T_{s0} - T_m}{T_{s0} - 100} \times 10^4 \quad \text{(MPa)} \tag{5-40}$$

蠕变时间 $t_s = \dfrac{l}{v}$，单位为 s，对于一次蠕变，黏度系数可取 $k=4E$。

利用经验公式(5-38)和本节推导的公式(5-36)，"鼓肚"计算结果分别如表 5-1 和表 5-2 所示。

表 5-1　经验公式(5-38)的计算结果

辊子编号	1	2	3	4	5
w_b/mm	0.442	0.462	0.345	0.430	0.338

表 5-2　本节推导公式(5-36)的计算结果

辊子编号	1	2	3	4	5
w_b/mm	0.424	0.446	0.336	0.426	0.336
ε_b/%	0.250	0.258	0.264	0.278	0.254
ε_u/%	—	—	—	0.066	0.103
σ_b/MPa	10.82	11.11	10.94	10.94	9.89
σ_u/MPa	—	—	—	14.40	22.80
R/(N/mm)	80.75	101.50	168.23	259	207
M/(N·mm)	5114.16	6510	11215.6	18833.5	16203

　　此处的计算结果与连铸机设计所采用的经验公式计算的结果基本相同,这说明本章采用的计算方法是合理的。但这里所得出的公式概念清晰,物理意义明确。除鼓肚变形外,本章还得出了计算错弧变形、矫直变形、应力、辊子反力及矫直力矩等一系列公式,这些公式除计算最大值外,还可计算任意一点的值。此外可见,矫直应力 $\sigma_u > \sigma_s$,但 $\sigma_u > \sigma_b$ 所完成的矫直过程不出现裂纹。总体来看,铸坯的变形包括鼓肚变形、错弧变形、矫直变形三部分,鼓肚变形是由瞬时弹性变形和随时间变化的蠕变变形组成的,而蠕变变形要大于弹性变形;错弧变形则认为完全是弹性变形;矫直变形是初始应变 ε_0 决定的初始应力 σ_0 ,然后随时间变化应力逐渐松弛,最后趋向 σ_s 。

5.3　半固态成形

　　20 世纪 70 年代,美国麻省理工学院 Flemings 等提出了一种新的金属成形方法。这种技术是在金属材料凝固过程中施加强烈的搅拌,将凝固过程中的枝晶打碎从而形成近球状的固相颗粒,得到一种液态金属母液中均匀悬浮着一定颗粒状的固相组分的混合浆料，此时半固态金属具有良好的流变性。这种既非液态又非完全固态的金属浆料的成形方法，称为半固态成形技术[41-44]。

在材料半固态成形过程中，数值模拟结果的精确与否依赖于材料的本构模型能否精确描述材料在半固态下的流变行为，以及如何准确地获得模型中的参数和材料的物性参数。一般来说，用于描述金属材料在半固态下变形的本构模型都建立在混合理论基础之上。

5.3.1　半固态合金的流变现象

"剪切变稀"效应，仍是半固态金属最典型的非牛顿流动特性，对半固态加工具有重要的应用意义。当静止时，半固态金属具有固体特性，由于表观黏度很高，它具有一定外形，并且可搬运；在剪切应力作用下，半固态金属表观黏度大大下降，使其充填能力大大提高，在低流动应力下，充填模腔，降低能耗，减少模具磨损。

除具有"剪切变稀"效应外，半固态合金的黏度还与切变速率、温度、压力和切变时间有关。恒定剪切速率的黏度与时间的依赖关系在流变学中称为材料的触变性(thixotropy)。

5.3.2　本构模型描述

Nguyen 等[45]基于连续介质力学和混合理论概念建立了一种具有微观物理和流变学意义的两相本构模型。该模型适用于从液态凝固获得的半固态材料，也适用于从固态部分重熔得到的半固态材料，材料中固相和液相是连续的。理论和实践均证明该方程能够描述半固态下材料所表征的一系列重要力学响应，即变形的温度相关性、变形的应变率相关性、固相与液相间的相互作用。

1. 应力分析

半固态 SiC 颗粒增强铝基复合材料可以看成混合物，其中固相和液相在组成材料点的物理空间中可以占据共同的位置。为了表征微观组织和材料行为，在每一个材料点上采用变量的平均值。

半固态材料的变形行为是复杂的。实验数据的分析需要同时解释固相变形行为和固体基体变形引起的液体流动行为。只有在缝隙压力梯度存在的情况下，液体才能通过固体骨架流动，缝隙压力梯度改变固相上传输的应力。

因此, 固-液混合物本构方程的公式化需要首先对任意材料点的应力场进行分析。对于固-液混合物:

$$\boldsymbol{\sigma} = \boldsymbol{\sigma}_s + \boldsymbol{\sigma}_l \tag{5-41}$$

式中, $\boldsymbol{\sigma}_s$ 为固相应力矢量; $\boldsymbol{\sigma}_l$ 为液相应力矢量。

Prevost 研究表明, 如果液体的内在黏度和固体骨架内的流体黏度是可以忽略的, 那么液相应力矢量 $\boldsymbol{\sigma}_l$ 可以简化为

$$\boldsymbol{\sigma}_l = -f_l P_l \delta_{ij} \tag{5-42}$$

式中, P_l 为缝隙压力。

由式(5-41)和式(5-42), 可得

$$\boldsymbol{\sigma}_s = \boldsymbol{\sigma} + f_l P_l \delta_{ij} \tag{5-43}$$

当 $f_l = 0$ 时, 固相应力矢量 $\boldsymbol{\sigma}_s$ 等于总应力矢量 $\boldsymbol{\sigma}$。

2. 连续性方程

连续性方程是从每一相的质量守恒方程推导出来的。当成形过程被考虑为等温时, 所有的扩散过程是可忽略的, 并且固相和液相均没有质量的补充。根据质量守恒定律分别导出固相和液相质量守恒的局部形式为

$$\begin{aligned}\frac{\partial(\rho_s f_s)}{\partial t} + \nabla \cdot \rho_s f_s \boldsymbol{u}_s = 0 \\[2mm] \frac{\partial(\rho_l f_l)}{\partial t} + \nabla \cdot \rho_l f_l \boldsymbol{u}_l = 0\end{aligned} \tag{5-44}$$

式中, ρ_s 和 ρ_l 分别为固相和液相的宏观质量密度; $\boldsymbol{u}_s$ 和 $\boldsymbol{u}_l$ 分别为固相和液相的速度矢量; ∇ 为散度。

当固相和液相密度为常数时, 式(5-44)可以简化为

$$\frac{\partial f_s}{\partial t} = -f_s \nabla \cdot \boldsymbol{u}_s - \nabla f_s \boldsymbol{u}_s \tag{5-45}$$

$$\frac{\partial f_l}{\partial t} = -\frac{\partial f_s}{\partial t} = -(1 - f_s) \nabla \cdot \boldsymbol{u}_l + \nabla f_s \boldsymbol{u}_l \tag{5-46}$$

由式(5-45)和式(5-46), 得

$$\nabla \cdot \boldsymbol{u}_s = \nabla f_s \boldsymbol{u}_r - (1 - f_s) \nabla \cdot \boldsymbol{u}_r \tag{5-47}$$

式中, $\boldsymbol{u}_r$ 为液体相对于固体的流动速度($\boldsymbol{u}_r = \boldsymbol{u}_l - \boldsymbol{u}_s$)。

式(5-47)构成了半固态混合物的连续性方程。上面所有方程均未考虑凝

固，也就是说，假设整个变形过程为等温绝热变形过程。

3. 固相的黏塑性本构方程

由于一些复合材料在半固态下具有温度及应变率敏感性，根据 Nguyen 等[46]的研究，固体基体的变形行为可采用热黏塑性本构定律来描述，并且包含在全固态材料的本构定律内。

对于半固态材料，弹性变形是可以忽略的，因此黏塑性应变率张量 $\dot{\varepsilon}^{\mathrm{p}}$ 等于总的固相应变率张量 $\dot{\varepsilon}$，即

$$\dot{\varepsilon}^{\mathrm{p}} = \dot{\varepsilon} \tag{5-48}$$

进一步，假设半固态材料具有黏塑性耗散势 Ω，它是固相有效应力张量、固相体积分数和温度 T 的函数，因此黏塑性耗散势可以表达为

$$\Omega = \Omega(\boldsymbol{\sigma}_{\mathrm{s}}, f_{\mathrm{s}}, T) \tag{5-49}$$

假设半固态材料变形符合常规流动法则，那么应变率张量为

$$\dot{\varepsilon} = \frac{\partial \Omega}{\partial \boldsymbol{\sigma}_{\mathrm{s}}} \tag{5-50}$$

在各向同性的前提下，式(5-50)可以表示为

$$\Omega = \Omega(J_1, J_2, J_3, f_{\mathrm{s}}, T) \tag{5-51}$$

式中，J_1 为应力张量第一不变量；J_2、J_3 分别为应力偏张量第二不变量、第三不变量，$J_2 = \frac{1}{2}\mathrm{tr}(\boldsymbol{S}_{\mathrm{s}} : \boldsymbol{S}_{\mathrm{s}})$，$J_3 = \frac{1}{3}\mathrm{tr}(\boldsymbol{S}_{\mathrm{s}} : \boldsymbol{S}_{\mathrm{s}} : \boldsymbol{S}_{\mathrm{s}})$，$\boldsymbol{S}_{\mathrm{s}}$ 为固相应力偏张量，$\boldsymbol{S}_{\mathrm{s}} = \boldsymbol{\sigma}_{\mathrm{s}} - (J_1/3)\boldsymbol{I}$。

在多孔连续介质材料的黏塑性变形中，屈服函数通常与三个应力不变量有关。第三不变量的影响在实验上仍然未被证实，关于黏塑性液体饱和多孔金属材料的实验数据仍很少，因此可以忽略第三不变量的影响，认为 Ω 可由固相应力张量第一不变量 J_1 和固相应力偏张量第二不变量 J_2 来表达，采用等效应力的形式，得

$$\Omega = \Omega\left[\sigma_{\mathrm{eq}}(J_1, J_2, f_{\mathrm{s}}), T\right] \tag{5-52}$$

等效应力采用 Abouaf 和 Chenot[47]于 1986 年针对金属粉末体提出的模型，即

$$\sigma_{\mathrm{ep}}^2 = A(f_{\mathrm{s}})J_2 + B(f_{\mathrm{s}})J_1^2 \tag{5-53}$$

式中，$A(f_{\mathrm{s}})$ 和 $B(f_{\mathrm{s}})$ 是与固相体积分数相关的参数。

将 J_1 和 J_2 的表达式代入式(5-53)中，得

$$\sigma_{eq}^2 = \left[\frac{A}{2} tr\sigma_s^2 + \frac{6B-A}{6} (tr\sigma_s)^2 \right]$$ (5-54)

由常规流动法则，可得黏塑性应变率为

$$\dot{\varepsilon} = \frac{\partial \Omega}{\partial \sigma_{eq}} \frac{1}{\sigma_{eq}} \left[\frac{A}{2} \sigma_s + \frac{6B-A}{6} (tr\sigma_s)I \right]$$ (5-55)

根据黏塑性耗散势和等效应力的二元性，可定义黏塑性等效应变率 $\dot{\varepsilon}_{eq}$ 为

$$\dot{\varepsilon} : \sigma_s = \sigma_{eq} \dot{\varepsilon}_{eq}$$ (5-56)

将式(5-54)和式(5-55)代入式(5-56)，得

$$\frac{\partial \Omega}{\partial \sigma_{eq}} = \dot{\varepsilon}_{eq}$$ (5-57)

结合式(5-57)和式(5-56)，得

$$\dot{\varepsilon} = \frac{\dot{\varepsilon}_{eq}}{\sigma_{eq}} \left(\frac{A}{2} \sigma_s + \frac{6B-A}{6} J_1 I \right)$$ (5-58)

一些高固相体积分数的复合材料具有温度及应变率敏感性，因此本节 $\dot{\varepsilon}_{eq}$ 和 σ_{eq} 之间的关系采用 Urcola 和 Sellars[48]提出的双曲正弦模型，即

$$\dot{\varepsilon}_{eq} = \beta \exp\left(-\frac{Q}{RT} \right) \left[\sinh(\alpha\sigma_{eq}) \right]^n$$ (5-59)

式中，α、β 为材料常数；n 为应变率敏感性参数；Q 为变形激活能；R 为气体常数。

4. 液体流动定律

在高固相体积分数的半固态材料中，液相可以在其中流动的通道非常小，因此液体流动模型可采用式(5-60)所示的 Darcy 定律来描述，即

$$u_1 f_1 = \frac{k}{\eta_1} \frac{\partial p}{\partial x}$$ (5-60)

式中，u_1 为液相相对于固相的流动速率；η_1 为液体黏度；k 为渗透率，是影响多孔液体相流动的主要参数。

对于半固态材料，固体基体由准球形颗粒组成，渗透率 k 可用下面简单

的关系式来表达，即

$$k = \frac{d^2}{b}(f_1)^\lambda \tag{5-61}$$

式中，d 为平均颗粒尺寸；b，λ 为无量纲材料常数。

根据 Maaloe 和 Scheie[49]的经验和实验研究表明，对于部分熔融的系统，λ 在 2 和 3 之间取值。B 值反映固体骨架的扭曲度，是液相在两固相质点间流动的距离与两点间距离的比值。此外，空隙压力的边界条件为

$$p = p_0, \quad \text{自由表面}$$

$$\frac{\partial p}{\partial n} = 0, \quad \text{接触表面}$$

由于推导过程中所研究的材料为颗粒增强铝基复合材料，增强颗粒多存在于晶界处，当材料处于固液两相区的温度范围内时，晶界处熔化的液相将包裹增强颗粒。Nguyen 的研究表明，液体黏度与其中固相质点的体积分数有很大关系，因此增强颗粒的存在必然对液体黏度产生很大的影响，可以假设为

$$\eta_1 = (\eta_0^1, f_p) \tag{5-62}$$

式中，η_1 为加入增强颗粒后的液体的黏度；η_0^1 为纯金属液体的黏度。

5. 本构方程的数学形式

由式(5-41)和式(5-62)可得本构方程的数学形式为

$$\sigma = \sigma_s + \sigma_1 \tag{5-63}$$

固相的黏塑性本构方程为

$$\dot{\varepsilon} = \frac{\dot{\varepsilon}_{eq}}{\sigma_{eq}}\left(\frac{A}{2}\sigma_s + \frac{6B - A}{6}J_1\right) \tag{5-64}$$

式中

$$\sigma_{eq}^2 = A(f_s)J_2 + B(f_s)J_1^2 \tag{5-65}$$

$$\dot{\varepsilon}_{eq} = \beta \exp\left(-\frac{Q}{RT}\right)\left[\sinh(\alpha\sigma_{eq})\right]^n \tag{5-66}$$

液相流动定律为

$$u_1 f_1 = \frac{k}{\eta_1} \frac{\partial p}{\partial x} \tag{5-67}$$

对于完全密实材料($f_s = 1$)的情况，等效应力的定义就是 Mises 等效应力，式(5-65)为密实材料的蠕变方程，因此有

$$A(1)=3, \quad B(1)=0$$

对于低固相体积分数，固相在静水应力和偏应力条件下均可无限变形，因此有

$$A(1)=\infty, \quad B(0)=\infty$$

以上方程中共有 6 个待定的参数，分别为 α、n、Q、β、A、B。

第6章 流变学在材料塑性变形中的应用

针对材料的形变过程及其流动过程，流变学给出了合理的解释，尤其体现在原油、沥青等的研究，但对于金属材料的半固态、铸造、凝固等也具有广泛的应用前景。在金属的塑性加工过程中，其实质性的变化是材料的不同质点的规律或不规律的流动过程，而这种变化过程符合流变学的规律。此外，在金属塑性变形与固液转变过程都存在着体积变化和潜热释放等性质，因此采用流变学理论解释金属的塑性变形可以作为理论基础。

一直以来，科学家和工程师对金属材料在塑性加工过程中所表现的力学行为进行本构建模研究时，大多采用弹塑性理论，认为塑性变形与时间无关[50]。但是在工程实践中发现，当作用于固体材料的应力变化时，固体材料会显示出"瞬间"发生的应变，而且这种应变会随时间发生不同程度的变化，将这种变形与时间的相关性称为材料的黏性性质。有的材料在弹性变形阶段就有明显的黏性性质，有的材料在塑性变形阶段才显示出这种黏性性质，通常称前者为黏弹塑性材料，后者为弹黏塑性材料，实践表明金属材料大多数属于后者。金属材料的黏性性质不容忽略，想要在其力学本构模型中体现出这种与时间相关的变形行为，经典的弹塑性本构理论显然不再适用。

一些高强钢在形变过程中存在亚稳相的转变(如 TRIP 钢、Q&P (quenching and partitioning)钢等)[5]，即在形变过程中具有相变诱发塑性(TRIP)效应，存在明显的形变后效。而这些具有固态相变材料并没有一个很好的本构关系对其形变过程进行描述，目前研究者对此类材料在成形过程中本构关系的探讨大多凭经验进行，缺乏准确性。

TRIP 钢是形变诱导相变钢中最具代表性的一类钢，具有较高的强度，然而其成形性能较差，在成形过程中极易出现开裂。TRIP 钢成形难的一个重要原因便是其本构方程不明确，导致所施加的外力与预期的变形不协调，特别是 TRIP 钢在冷变形末期及卸载后会发生明显的回弹现象。本章以 TRIP 钢为例，利用流变学理论研究具有形变诱导相变的钢在形变过程中的本构关系。

6.1　本构关系的建立

　　TRIP 钢的组织中具有软相铁素体、硬相马氏体、贝氏体以及亚稳相残余奥氏体，所建立具有固态相变的 TRIP 钢流变学统一本构模型中包括变形初期的软硬相的弹性变形(H)、进入屈服后的塑性变形(STV)，以及残余奥氏体向马氏体转变的黏塑性行为(N)[51]。在整个塑性成形过程中存在形变诱导相变、相变诱导塑性的变化过程，不仅体现了弹塑性，同时存在与时间相关的黏性，这与流变学理论中描述的弹黏塑性本构关系相吻合，即在变形末期及卸载后发生弹性回复的黏弹性行为。因此，可以选用 Bingham 模型，对高强钢 TRIP600 的流变学本构模型进行研究和探讨。

　　第 3 章对 Bingham 模型进行了介绍，本章针对 TRIP 钢及其塑性变形中的特点利用 Bingham 模型对其本构关系进行推导。N 和 STV 并联后与 H 串联的模型称为 Bingham 模型 B，即 B=H–(N|STV)，其结构如图 6-1 所示。

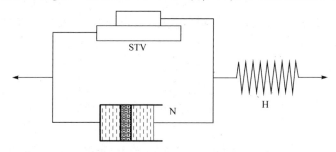

图 6-1　Bingham 模型结构

　　根据流变模型理论，Bingham 模型的应变满足：

$$\varepsilon = \varepsilon^{\mathrm{e}} + \varepsilon^{\mathrm{vp}} \tag{6-1}$$

$$\varepsilon^{\mathrm{vp}} = \varepsilon^{\mathrm{p}} = \varepsilon^{\mathrm{v}} \tag{6-2}$$

式中，ε 为总应变；ε^{e} 为弹性应变；$\varepsilon^{\mathrm{vp}}$ 为黏塑性应变；ε^{p} 与 ε^{v} 分别为摩擦件与粘壶的应变。

　　弹簧中的应力，即弹性应力 ε^{e} 符合胡克定律，且与总应力 σ 相等，即

$$\sigma = \sigma^{\mathrm{e}} = E\varepsilon^{\mathrm{e}} \tag{6-3}$$

式中，E 为弹性元件的弹性模量，也可称为模型的弹性系数，但不等于材料

整体的弹性模量。对摩擦件来说，其应力 σ^p 的大小首先取决于材料应力是否已经达到屈服应力 σ_s，使材料继续产生黏塑性流动的应力值与材料的强化特性有关。为使问题简单化，采用线性强化，定义强化参数为 B。这样，在黏塑性流动过程的后继屈服段，其应力大小为

$$\sigma^p = \sigma_s + B\varepsilon^{vp} \tag{6-4}$$

由此，在摩擦元件内，当 $\sigma^p > \sigma_s$ 时，有

$$\sigma^p = \sigma - \sigma^v \tag{6-5}$$

式中，σ^v 为粘壶的应力，设材料的黏性系数为 η，则有

$$\sigma^v = \eta\dot{\varepsilon}^{vp} = \eta\frac{\partial\varepsilon^{vp}}{\partial t} \tag{6-6}$$

由式(6-4)～式(6-6)可得

$$\sigma = \sigma^v + \sigma_s + B\varepsilon^{vp} = \sigma_s + B\varepsilon^{vp} + \eta\frac{\partial\varepsilon^{vp}}{\partial t} \tag{6-7}$$

结合式(6-2)和式(6-3)的关系，可以得到

$$BE\varepsilon + \eta E\frac{\partial\varepsilon}{\partial t} = B\sigma + E(\sigma - \sigma_s) + \eta\frac{\partial\sigma}{\partial t} \tag{6-8}$$

当作用于模型的应力为常值 σ_A 时，式(6-8)又可写为

$$B\varepsilon + \eta\frac{\partial\varepsilon}{\partial t} = \frac{B}{E}\sigma_A + (\sigma_A - \sigma_s) \tag{6-9}$$

求解此方程可以得到

$$\varepsilon = \frac{\sigma_A}{E} + \frac{\sigma_A - \sigma_s}{B}\left[1 - \exp\left(-\frac{B}{\eta}t\right)\right] \tag{6-10}$$

此即 Bingham 模型在一定的应力水平下其应变随时间变化的方程，它在发生瞬时弹性变形之后，以指数规律增长而趋于稳定值，如图 6-2 所示。

而当作用于模型的应变为常值 ε_A 时，式(6-8)可以写为

$$(E + B)\sigma + \eta\frac{\partial\sigma}{\partial t} = EB\varepsilon_A + E\sigma_s \tag{6-11}$$

求解此常微分方程可以得到

$$\sigma = \frac{E}{E + B}\left[(\sigma_s + B\varepsilon_A) + (E\varepsilon_A - \sigma_s)e^{-\frac{1}{\eta}(E+B)t}\right] \tag{6-12}$$

此即 Bingham 模型在一定的应变水平下其应力随时间变化的方程，它在瞬时达到峰值之后，以指数规律减小而趋于稳定值，如图 6-3 所示。

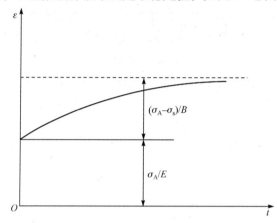

图 6-2　Bingham 模型应变-时间曲线

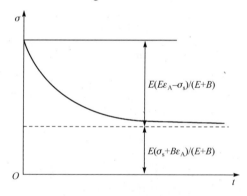

图 6-3　Bingham 模型应力-时间曲线

另外，若不考虑变形时间 t，直接建立应力 σ 与应变 ε 和应变率 $\dot{\varepsilon}$ 之间的关系，则由各元件应力与应变之间的关系

$$\begin{cases} \varepsilon = \varepsilon^{e} + \varepsilon^{vp}, \ \ \varepsilon^{e} = \varepsilon^{p} = \varepsilon^{vp} \\ \sigma = \sigma^{e} = \sigma^{v} + \sigma^{p} \\ \sigma^{e} = E\varepsilon^{e}, \ \ \sigma^{v} = \eta\dot{\varepsilon}^{vp} \end{cases} \tag{6-13}$$

可以推导出黏塑性应变率 $\dot{\varepsilon}^{vp}$ 的分段表达式：

（1）当 $\sigma^{p} < \sigma_{s}$ 时，$\sigma = \sigma^{e}$，此时 $\dot{\varepsilon}^{vp} = 0$，只有弹性变形；

(2) 当 $\sigma^p > \sigma_s$ 时，$\sigma = \sigma^v + \sigma^p$，$\sigma^v = \eta\dot{\varepsilon}^{vp}$，材料进入塑性变形阶段。

则在应力大于屈服强度时，$\dot{\varepsilon}^{vp}$ 可以表示为

$$\begin{aligned}
\dot{\varepsilon}^{vp} &= \frac{1}{\eta}(\sigma - \sigma^p) \\
&= \frac{1}{\eta}\Big[\sigma - (\sigma_s + B\varepsilon^{vp})\Big] \\
&= \frac{1}{\eta}\left(\sigma - \sigma_s + \frac{B\sigma}{E} - B\varepsilon\right)
\end{aligned} \qquad (6\text{-}14)$$

从而推出

$$\left(1 + \frac{B}{E}\right)\sigma = \eta\dot{\varepsilon} + \sigma_s + B\varepsilon \qquad (6\text{-}15)$$

此即在 Bingham 模型的塑性变形阶段，流变应力 σ、应变 ε 和应变率 $\dot{\varepsilon}$ 之间的本构关系。

6.2　TRIP 钢本构模型的建立

TRIP600 钢作为新一代高强钢，其化学组分为：Fe 基体-0.13C-1.25Si-1.43Mn，少量杂质 P 和 S 以及 0.032 的酸溶铝。它在生产过程中通过热轧、冷轧、连续退火后得到的屈服强度为 467MPa、抗拉强度为 673MPa。对试样进行蠕变和松弛实验，可以建立这两种条件下的本构关系。

6.2.1　相变诱导塑性钢的黏塑性分析

众多学者在金属塑性成形技术上做出了突出的贡献，从而大大降低了生产成本、提高了成形效率、改善了成形工艺，获得了形状复杂、性能良好、强度高的优质工件。但是，涉及金属材料的黏塑性研究却仅限于半固态金属，而对于有 TRIP 效应的高强钢，在塑性变形过程中与时时相关的黏性行为却没有任何研究报道。

目前，基于流变学理论的本构模型研究主要集中在黏土、原油、沥青等，由于其能描述各种不同属性的材料而得到广泛的应用，尤其应用在稳定载荷和变化的应变率下[51, 52]。金属的塑性变形过程往往同时具有这两种性质，而塑性成形、黏塑性成形、蠕变成形等只是特定条件下的特殊流变

成形方法[53]。在实际的冲压成形工业生产过程中，尤其是对于相变诱导塑性钢的成形，往往通过马氏体的转变来提升其强度，然而当提升成形速率时，不但不能提高其塑性，反而导致材料的提前开裂，这种现象是金属材料在塑性成形过程中的流变性行为的表现。

弹黏塑性力学探究的是材料进入弹性阶段的过程，并在塑性形变过程考虑材料的黏性效应与瞬态效应的力学行为。结合 Bingham 模型，在载荷大于屈服强度时，忽略弹性的影响，由 Mises 屈服准则[54]，当黏塑性材料屈服时，有

$$F\left(\sigma_{ij}, \dot{\varepsilon}_{ij}^{\eta p}, k\right) = f\left(\sigma_{ij}, \dot{\varepsilon}_{ij}^{\eta p}\right) - k = \sqrt{J_2} - k \tag{6-16}$$

式中，k 为材料初始屈服量值；J_2 为应力偏张量的第二不变量，即存在

$$\sqrt{J_2} > k$$

本章的 TRIP600 钢在室温下进行不同载荷的低温蠕变实验，当应力为 500MPa 时，有

$$\begin{aligned}
&\sigma_{11} = 500\text{MPa}, \quad \sigma_{22} = \sigma_{33} = 0 \\
&S_{11} = \sigma_{11} - \sigma_{\text{m}} = 333.33\text{MPa} \\
&S_{22} = S_{33} = 0 - \sigma_{\text{m}} = -166.67\,\text{MPa}
\end{aligned} \tag{6-17}$$

则

$$\begin{aligned}
\sqrt{J_2} &= \sqrt{\frac{1}{2}S_{ij}S_{ij}} = \sqrt{\frac{1}{2}[(S_{11})^2 + (S_{22})^2 + (S_{33})^2]} \\
&= 288.67\text{MPa}
\end{aligned}$$

因为

$$k = \frac{\sigma_{\text{s}}}{\sqrt{3}} = 269.42\text{MPa}$$

所以可以得到 $\sqrt{J_2} > k$，该应力下材料已进入黏塑性变形阶段。

应用同样的方法可以得到，在应力为 540MPa、575MPa、610MPa、650MPa 下的蠕变实验满足材料的黏塑性屈服条件，从而可以认为在蠕变过程中存在形变与时间相关的黏塑性关系。

在应力超过屈服值时，常略去弹黏塑性材料的弹性变形，将其称为刚黏塑性材料，它们的本构方程为刚黏塑性本构方程。按波兹纳(Posner)形式的弹黏塑性本构方程的表达式，刚黏塑性本构方程为

$$\dot{\varepsilon}_{ij} = \dot{\varepsilon}_{ij}^{\mathrm{vp}} = \gamma \langle \phi(F) \rangle \frac{\partial f}{\partial \sigma_{ij}}$$

$$= \frac{\gamma}{2} \langle \phi(F) \rangle \frac{S_{ij}}{\sqrt{J_2}} \tag{6-18}$$

将式(6-18)两边平方后可得

$$\dot{\varepsilon}_{ij}^{\mathrm{vp}} \dot{\varepsilon}_{ij}^{\mathrm{vp}} = \gamma^2 \langle \phi(F) \rangle \frac{S_{ij} S_{ij}}{4J_2} \tag{6-19}$$

式中，σ_{ij}、S_{ij} 分别是应力张量分量和应力偏张量分量。由于 Mises 等效应力和等效应变率分别为

$$\begin{cases} \overline{\sigma} = \sqrt{3J_2} = \sqrt{\dfrac{3}{2} S_{ij} S_{ij}} \\ \dot{\overline{\varepsilon}}^{\,\mathrm{vp}} = \sqrt{\dfrac{2}{3} \dot{\varepsilon}_{ij}^{\mathrm{vp}} \dot{\varepsilon}_{ij}^{\mathrm{vp}}} \end{cases} \tag{6-20}$$

则可得

$$\frac{3}{2} (\dot{\overline{\varepsilon}}^{\,\mathrm{vp}})^2 = \gamma^2 \langle \phi(F) \rangle^2 \frac{2\overline{\sigma}^2 / 3}{4\overline{\sigma}^2 / 3} \tag{6-21}$$

因此有

$$\gamma \langle \phi(F) \rangle = \sqrt{3} \dot{\overline{\varepsilon}}^{\,\mathrm{vp}} \tag{6-22}$$

由于在一维下的蠕变实验存在 $\dot{\varepsilon}^{\mathrm{vp}} = \dot{\overline{\varepsilon}}^{\,\mathrm{vp}}$，而不同应力下的黏塑性应变率如前文所求，所以可以求得不同应力下的线性黏性关联常数 $\gamma \langle \phi(F) \rangle$ [55](简称 γ)，当应力为 500MPa 时，可以计算出此时的 γ 值为

$$\gamma \langle \phi(F) \rangle = \sqrt{3} \dot{\overline{\varepsilon}}^{\,\mathrm{vp}}$$

$$= 2.44 \times 10^{-7} \mathrm{s}^{-1} \tag{6-23}$$

同理，可得应力为 540MPa、575MPa、610MPa、650MPa 的黏性关联常数 γ 为 $6.21 \times 10^{-7} \mathrm{s}^{-1}$、$9.97 \times 10^{-7} \mathrm{s}^{-1}$、$1.42 \times 10^{-6} \mathrm{s}^{-1}$、$1.92 \times 10^{-6} \mathrm{s}^{-1}$。以横坐标表示施加应力，纵坐标表示黏性关联常数 γ，所得曲线如图 6-4 所示。可以看出，施加的应力会直接影响材料的黏性关联常数 γ，施加应力越大，黏性关联常数 γ 越大；而黏性关联常数 γ 的增大，则表示材料的黏性减小。

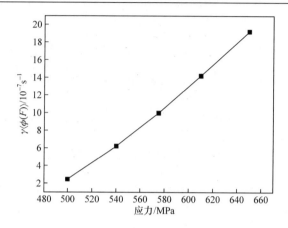

图 6-4　黏性关联常数随保载应力的变化

　　通过 Bingham 模型的理论推导计算不难发现施加应力与应变率、黏性关联常数 γ 是存在内在联系的，随着应力的增加，黏塑性应变率逐渐增加，且在一维下的蠕变实验黏塑性应变率与材料的黏性关联常数 γ 呈线性关系，即随着应力的增加，黏性关联常数 γ 也会增加，而在提升形变速率的情况下，这种内在的演变过程在塑性成形过程中表现为材料成形性能的改变，在实际的冲压成形过程中，黏性表现在成形速率上，而金属材料成形速率越大，材料的黏性越小，表现出的变形抗性越小，在成形过程中越容易开裂。

6.2.2　蠕变条件下的本构关系

　　根据 TRIP600 钢在单向拉伸实验中所测试出的力学性能(屈服强度和抗拉强度)，选择在 500MPa、540MPa、575MPa、610MPa 和 650MPa 五个应力水平下分别保载 9h，得到应变随时间增加而变化的趋势，如图 6-5 所示。

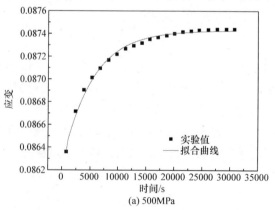

(a) 500MPa

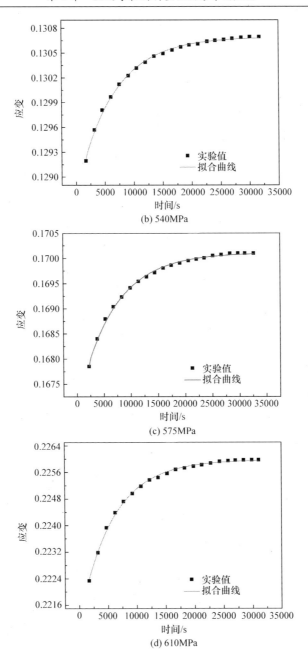

(b) 540MPa

(c) 575MPa

(d) 610MPa

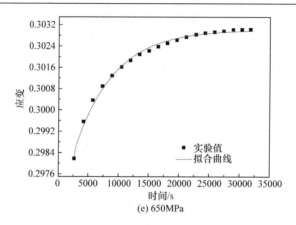

图 6-5　TRIP600 钢蠕变实验的应变-时间曲线

　　由图 6-5 的结果可以看出，在对 TRIP600 钢施加一定外力并保持应力不变的情况下，其应变随时间的变化趋势正与 Bingham 模型的应变-时间曲线相符，因此可以利用 Bingham 模型方程对实验数据进行拟合，从而得到TRIP600 钢在不同应力水平下应变随时间变化的拟合方程。

　　将方程(6-10)简化为以下形式：

$$y = c + b\big[1 - \exp(-ax)\big] \tag{6-24}$$

数据处理软件中利用方程(6-24)对实验所得数据进行拟合，拟合所得曲线如图 6-5 中曲线所示，从拟合报表中得到曲线参数值，继而计算出模型的参数值。拟合曲线及 Bingham 模型的参数值如表 6-1 所示。

表 6-1　TRIP600 钢拟合曲线及 Bingham 模型的参数值

应力水平		500MPa	540MPa	575MPa	610MPa	650MPa
曲线 参数 值	a	1.18×10^{-4}	1.57×10^{-4}	1.49×10^{-4}	1.71×10^{-4}	1.58×10^{-4}
	b	1.18×10^{-3}	1.89×10^{-3}	3.05×10^{-3}	4.79×10^{-3}	7.00×10^{-3}
	c	0.0863	0.1288	0.1671	0.2212	0.2960
模型 参数 值	E/MPa	5.80×10^{3}	4.12×10^{3}	3.32×10^{3}	2.76×10^{3}	2.20×10^{3}
	B/MPa	2.80×10^{4}	3.33×10^{4}	2.85×10^{4}	2.99×10^{4}	2.61×10^{4}
	η/MPa	2.36×10^{8}	2.13×10^{8}	1.91×10^{8}	1.75×10^{8}	1.65×10^{8}

　　由此可得，TRIP600 钢在应力为 500MPa 时的应变-时间方程为

$$\varepsilon = 0.0863 + 1.18\times10^{-3}\big[1 - \exp(-1.18\times10^{-4}t)\big] \tag{6-25}$$

在应力为 540MPa 时的应变-时间方程为

$$\varepsilon = 0.1288 + 1.89 \times 10^{-3} \left[1 - \exp(-1.57 \times 10^{-4} t) \right] \tag{6-26}$$

在应力为 575MPa 时的应变-时间方程为

$$\varepsilon = 0.1671 + 3.05 \times 10^{-3} \left[1 - \exp(-1.49 \times 10^{-4} t) \right] \tag{6-27}$$

在应力为 610MPa 时的应变-时间方程为

$$\varepsilon = 0.2212 + 4.79 \times 10^{-3} \left[1 - \exp(-1.71 \times 10^{-4} t) \right] \tag{6-28}$$

在应力为 650MPa 时的应变-时间方程为

$$\varepsilon = 0.2960 + 7.00 \times 10^{-3} \left[1 - \exp(-1.58 \times 10^{-4} t) \right] \tag{6-29}$$

在数据处理软件中对弹性模量 E 和黏性系数 η 随应力的变化趋势进行多项式拟合，拟合所得曲线如图 6-6 所示，从拟合报表中得到曲线参数值，继而得到 E 和 η 随应力变化的曲线方程。在此需要说明，此弹性模量 E 并非材料真实的弹性模量，而是在 Bingham 模型中表征材料弹性性质的一个参量，可认为是弹性元件自身的属性。同样，黏性系数 η 也可以看成黏性元件自身的属性。在本章后续部分所提及的 E 和 η 均是如此。

选取二次多项式能够较为准确地拟合出变化趋势，得到的拟合方程如下：

$$E = 0.124\sigma^2 - 165.66\sigma + 5.76 \times 10^4 \tag{6-30}$$

$$\eta = 1.59 \times 10^3 \sigma^2 - 2.32 \times 10^6 \sigma + 9.97 \times 10^8 \tag{6-31}$$

由于选取线性强化机制，强化系数 B 理论上应为固定值，不随应力或应变的不同而变化，在此选用取平均值的方法，对五组实验 B 值的拟合结果取平均值，结果为 $2.92 \times 10^4 \mathrm{MPa}$。

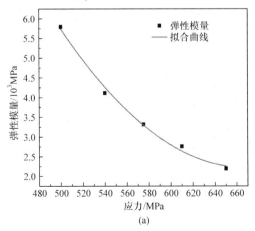

(a)

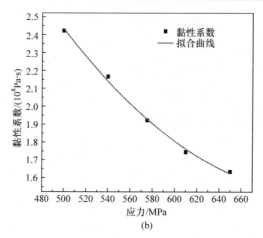

图 6-6　蠕变实验中弹性模量和黏性系数随应力变化拟合曲线

将弹性模量 E、黏性系数 η 和强化系数 B 的结果代回式(6-10)，并扩展到一般情况，即可得到在固定应力实验条件下，TRIP600 钢应力、应变和时间的本构关系，计算结果为

$$\varepsilon = (2.30\times10^{-9}\sigma^3 - 7.99\times10^{-7}\sigma^2 - 1.51\times10^{-5}\sigma) + \frac{\sigma - \sigma_s}{2.92\times10^4}$$

$$\times[1 - \exp(4.38\times10^{-10}\sigma^2 - 8.70\times10^{-7}\sigma + 2.03\times10^{-4})t] \tag{6-32}$$

此方程将应变率的影响用时间效应来代替，若要直接求得应力、应变与应变率之间的本构关系，则需要将各参数的结果代入方程(6-14)，整理为

$$\eta\dot{\varepsilon} = \left(1 + \frac{B}{E}\right)\sigma - \sigma_s - B\varepsilon \tag{6-33}$$

观察 η 和 $1/E$ 随 σ 的变化趋势并考虑到计算的复杂程度，为简化计算，选择对二者进行线性拟合，得出 $1/E$ 和 η 随应力的变化关系，如图 6-7 所示。

从拟合报表中得到二者随应力变化的线性方程为

$$\frac{1}{E} = 1.85\times10^{-6}\sigma - 7.57\times10^{-4} \tag{6-34}$$

$$\eta = -4.86\times10^5\sigma + 4.75\times10^8 \tag{6-35}$$

将上述表达式连同强化系数 B 代入方程(6-33)即得到在蠕变条件下 TRIP600 钢应力、应变与应变率之间的本构关系，整理后为

$$\varepsilon = 1.85\times10^{-6}\sigma^2 + 16.64\sigma\dot{\varepsilon} - 7.23\times10^{-4}\sigma - 1.63\times10^4\dot{\varepsilon} - 0.016 \tag{6-36}$$

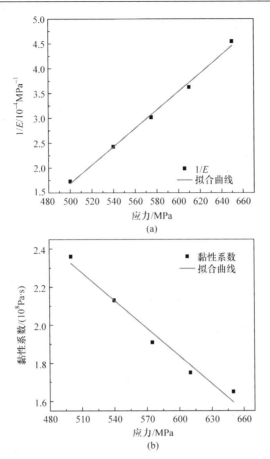

图 6-7 蠕变实验中弹性模量的倒数和黏性系数随应力变化线性拟合曲线

向所得方程中代入实验所选的应力值进行检验，不同时间应变的计算值与实验值吻合程度很高，可以利用此方程对 TRIP600 钢在近似蠕变的工程中应用，如单向加载时通过应力控制材料变形时，对材料应变的变化进行预测。

6.2.3 应力松弛条件下的本构关系

根据 TRIP600 钢在拉伸实验中所表现出的力学性能(塑性延伸率)，选择在 10%、15%、20%、25%和 30%五个工程应变水平下分别保持 180s，得到应力随时间的变化趋势，如图 6-8 所示。

由图 6-8 可以看出，使 TRIP600 钢快速拉伸至一定变形，并保持应变不变，其应力随时间的变化趋势与 Bingham 模型的应力-时间曲线相符，因此可以利用 Bingham 模型方程对实验数据进行拟合，从而得到 TRIP600 钢在不同应变水平下应力随时间变化的本构方程。

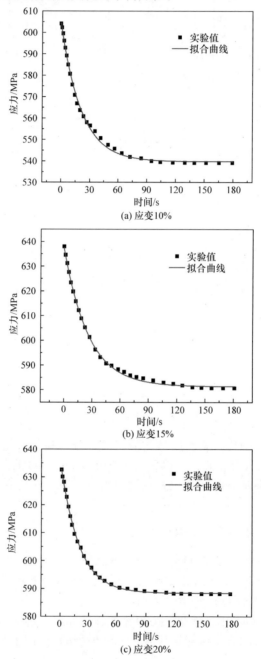

(a) 应变10%

(b) 应变15%

(c) 应变20%

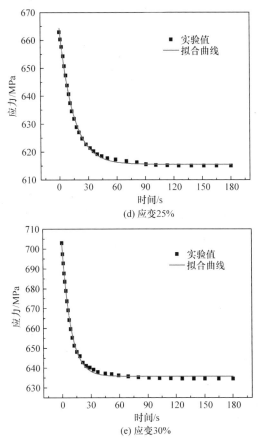

图 6-8 TRIP600 钢应力松弛实验的应力-时间曲线

将方程(6-12)简化为

$$y = c + b \times \exp(-at) \tag{6-37}$$

在数据处理软件中利用方程(6-37)对实验所得数据进行拟合，拟合所得曲线如图 6-8 所示，从拟合报表中得到曲线参数值，继而计算出模型的参数值。拟合曲线及 Bingham 模型的参数值如表 6-2 所示。

表 6-2 TRIP600 钢拟合曲线及 Bingham 模型的参数值

工程应变		10%	15%	20%	25%	30%
曲线参数值	a	0.0265	0.0386	0.0457	0.0690	0.0797
	b	64.50	55.89	54.30	48.79	67.14
	c	539.73	581.54	587.93	615.50	635.61

续表

工程应变		10%	15%	20%	25%	30%
模型参数值	E/MPa	6.34×10^3	4.56×10^3	3.52×10^3	2.98×10^3	2.68×10^3
	B/MPa	7.15×10^3	9.35×10^3	7.85×10^3	9.06×10^3	6.73×10^3
	η/MPa	5.09×10^5	3.60×10^5	2.49×10^5	1.74×10^5	1.18×10^5

由此可得，TRIP600 钢在工程应变为 10%时的应力-时间方程为

$$\sigma = 539.73 + 64.50\exp(-0.0265t) \tag{6-38}$$

在工程应变为 15%时的应力-时间方程为

$$\sigma = 581.54 + 55.89\exp(-0.0386t) \tag{6-39}$$

在工程应变为 20%时的应力-时间方程为

$$\sigma = 587.93 + 54.30\exp(-0.0457t) \tag{6-40}$$

在工程应变为 25%时的应力-时间方程为

$$\sigma = 615.50 + 48.79\exp(-0.0690t) \tag{6-41}$$

在工程应变为 30%时的应力-时间方程为

$$\sigma = 635.61 + 67.14\exp(-0.0797t) \tag{6-42}$$

在数据处理软件中对弹性模量 E 和黏性系数 η 随应变的变化趋势进行多项式拟合，拟合所得曲线如图 6-9 所示，从拟合报表中得到曲线参数值，继而得到 E 和 η 随应变变化的曲线方程。

在多项式拟合时同样选取二次多项式，所得到的拟合方程为

$$E = 9.88\times10^4\varepsilon^2 - 5.73\times10^4\varepsilon + 1.10\times10^4 \tag{6-43}$$

$$\eta = 6.34\times10^6\varepsilon^2 - 4.47\times10^6\varepsilon + 8.91\times10^5 \tag{6-44}$$

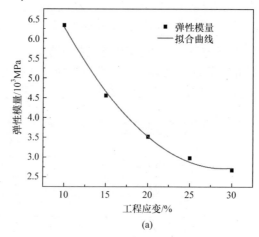

(a)

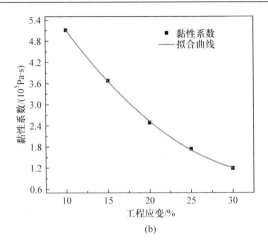

(b)

图 6-9　松弛实验中弹性模量和黏性系数随工程应变变化曲线

对五组实验 B 值的拟合结果取平均值，结果为 $8.03 \times 10^3 \mathrm{MPa}$。

将弹性模量 E、黏性系数 η 和强化系数 B 的结果代回式(6-12)，并扩展到一般情况，即可得到在固定应变实验条件下，TRIP600 钢应力、应变和时间的本构关系，最终得本构方程为

$$
\begin{aligned}
\sigma = {} & \frac{9.88 \times 10^4 \varepsilon^2 - 5.73 \times 10^4 \varepsilon + 1.10 \times 10^4}{9.88 \times 10^4 \varepsilon^2 - 5.73 \times 10^4 \varepsilon + 1.90 \times 10^4} \Big\{ (\sigma_\mathrm{s} + 8.03 \times 10^3 \varepsilon) \\
& + \Big[(9.88 \times 10^4 \varepsilon^3 - 5.73 \times 10^4 \varepsilon^2 + 1.10 \times 10^4 \varepsilon) - \sigma_\mathrm{s} \Big] \\
& \times \exp \Big[-(9.88 \times 10^4 \varepsilon^2 - 5.73 \times 10^4 \varepsilon + 1.90 \times 10^4) \\
& \times (1.23 \times 10^{-4} \varepsilon^2 - 1.73 \times 10^{-5} \varepsilon + 2.51 \times 10^{-6}) t \Big] \Big\}
\end{aligned}
\tag{6-45}
$$

与蠕变实验相同，若不引入时间，而建立应力、应变和应变率之间的本构关系，则需要将各参数的拟合结果代入方程(6-14)，将方程(6-14)整理为

$$
\sigma = \frac{\eta \dot{\varepsilon} + \sigma_\mathrm{s} + B\varepsilon}{\left(1 + \dfrac{B}{E}\right)\sigma}
\tag{6-46}
$$

观察 $1/E$ 和 η 随 ε 的变化关系，并考虑表达式的复杂程度，为简化计算，将 $1/E$ 随 ε 的变化进行线性拟合，而 η 随 ε 的变化仍采用二次多项式拟合，$1/E$ 线性拟合结果如下：

$$
\frac{1}{E} = 1.09 \times 10^{-3} \varepsilon + 5.52 \times 10^{-5}
\tag{6-47}
$$

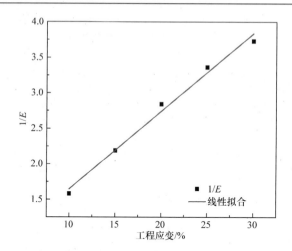

图 6-10　松弛实验中弹性模量倒数随工程应变变化线性拟合曲线

将 $1/E$ 的拟合结果连同前述 η 的拟合结果以及强化系数 B 值代入方程(6-46)，得到在应力松弛条件下 TRIP600 钢应力、应变和应变率之间的本构关系：

$$\sigma = \frac{(6.34 \times 10^6 \varepsilon^2 - 4.47 \times 10^6 \varepsilon + 8.91 \times 10^5)\dot{\varepsilon} + 8.03 \times 10^3 \varepsilon + \sigma_s}{8.75\varepsilon + 1.44} \qquad (6\text{-}48)$$

将实验所选用的应力值分别代入所得到的蠕变与松弛本构方程进行检验，不同时间所对应应变的计算值与实验值吻合程度较好，可利用此本构方程对 TRIP600 钢在近似于松弛的工程中应用，如冲压等冷成形末期，板材达到最大变形至脱离冲压模具之前的保载阶段，对材料应力变化的预测提供一定参考。

6.3　微观力学与宏观流变模型的内在关系

针对 TRIP 钢在塑性变形过程中的组织转变，在验证 TRIP 效应的同时，寻找宏观变形与微观组织转变之间的内在联系。

6.3.1　组织演变观察与分析

图 6-11 是 TRIP600 钢经 Lepre 试剂(4%苦味酸酒精+1%偏重亚硫酸钠溶液按照 1:1 混合)侵蚀 15～20s 后的金相照片。

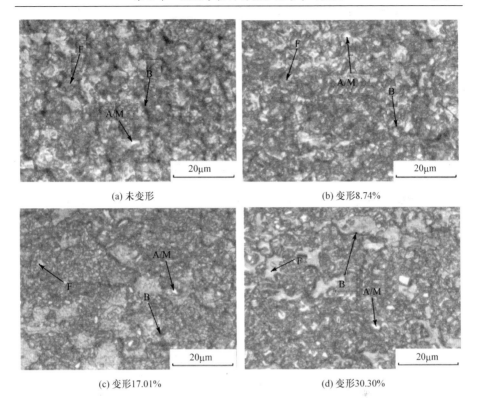

(a) 未变形　　　　　　　　　　　　　(b) 变形8.74%

(c) 变形17.01%　　　　　　　　　　(d) 变形30.30%

图 6-11　TRIP600 钢在不同变形量下的显微组织

B-贝氏体；F-铁素体；A/M-残余奥氏体与初生马氏体组成的岛状组织

在 TRIP600 钢显微组织中，一些块状组织区分不明显，通常认为都是铁素体，黑色条状组织为贝氏体，白色小岛状组织为残余奥氏体和初始马氏体，随着变形的增大，部分残余奥氏体转变成板条状的新生马氏体。

图 6-12 是在场发射扫描电镜(SEM)下 TRIP600 钢在各变形阶段的微观组织照片，从照片中可以较为清楚地看到大块的铁素体相、板条状的贝氏体相和孤立小岛状的残余奥氏体或初始马氏体相，随着变形的增大，部分残余奥氏体转变成板条状的新生马氏体。

从扫描电镜照片中可以看出，TRIP600 钢的微观组成均是以大块铁素体(F)相和板条状贝氏体(B)相为基体组织，在铁素体晶粒的晶界以及铁素体和贝氏体交界处有少量孤岛状的残余奥氏体或初始马氏体(A/M)。随着变形量的增大，基体组织晶粒被拉长，残余奥氏体含量减少，部分转变成板条状的新生马氏体。

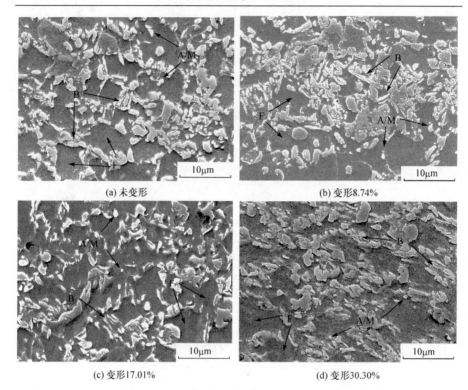

(a) 未变形　　　　　　　　　　　　　(b) 变形8.74%

(c) 变形17.01%　　　　　　　　　　　(d) 变形30.30%

图 6-12　TRIP600 钢在不同变形量下扫描电镜照片
B-贝氏体；F-铁素体；A/M-残余奥氏体与初生马氏体组成的岛状组织

6.3.2　残余奥氏体测定

为了定量分析在塑性变形各阶段残余奥氏体向马氏体的转变情况，将各变形量的试样及初始未变形试样重新研磨并进行电解抛光后，进行电子背散射衍射(EBSD)实验和 X 射线衍射(XRD)实验，观察各阶段残余奥氏体的分布，测定各变形阶段残余奥氏体的体积分数，从而得到马氏体转变量随塑性变形量的变化关系。

图 6-13 是 TRIP600 钢在初始未变形条件下的 EBSD 扫描图像，图中深色区域为体心立方结构，包括铁素体相和贝氏体相及新生成的马氏体相，浅色区域为面心立方结构，可认为是残余奥氏体相。从图中可以看出，残余奥氏体晶粒相比于铁素体晶粒和贝氏体晶粒比较细小，大多位于铁素体贝氏体的晶界处，只有极少数分布于铁素体或贝氏体内部。将蠕变实验中拉伸至不同变形量下的试样同样进行 EBSD 扫描，其结果如图 6-14 所示。可以发现伴随着塑性变形量的增大，浅色区域的面积越来越小，残余奥氏

体逐渐发生马氏体转变，导致深色区域逐渐取代浅色区域，TRIP600 钢在变形至 30.30%时，残余奥氏体已经所剩无几。

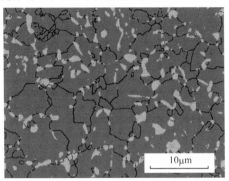

图 6-13　TRIP600 钢在未变形条件下的 EBSD 扫描图像

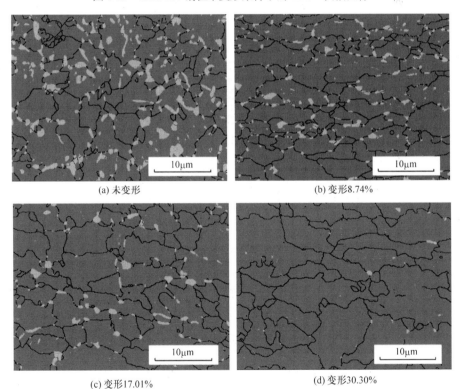

(a) 未变形　　　　　　　　　　　　　　　　　(b) 变形8.74%

(c) 变形17.01%　　　　　　　　　　　　　　　(d) 变形30.30%

图 6-14　各变形量下 TRIP600 钢试样的 EBSD 扫描结果

　　对各变形量下的试样进行 XRD 实验，参照 Miller 奥氏体体积计算法，选取(200A)、(220A)、(311A)三个奥氏体衍射峰和(200F)、(211F)两个铁素体衍射峰进行计算，得到如图 6-15 所示的衍射图谱(以初始未变形的试样为例)，再将结果输入 Jade 软件进行自动寻峰，并将各衍射峰的峰值和强度值按顺序输入经验公式，则可以最终得到残余奥氏体的体积分数，建立其与工程应变之间的关系曲线，如图 6-16 所示。XRD 测定结果也再次证明，伴随着塑性变形量的增大，残余奥氏体的体积分数随之减小，出现残余奥氏体向马氏体的转变。

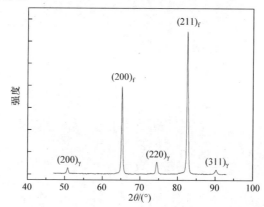

图 6-15　TRIP600 钢在未变形条件下的 XRD 图像

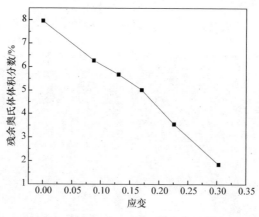

图 6-16　TRIP600 钢残余奥氏体的体积分数随工程应变的变化曲线

　　TRIP 钢在塑性变形过程中，其基体组织铁素体相和贝氏体相的体积分数基本保持不变，只发生部分残余奥氏体向马氏体的转变，因此可以认为不同塑性变形量导致的残余奥氏体减少的体积分数为新生马氏体的体积分数。为了更直观地表征新生马氏体对材料力学性能的影响，从而建立宏观力学性能与微观组织演变之间的联系，对材料弹性模量和黏性系数随新生马氏体体积分数的变化关系作散点图，结果如图 6-17 所示。具体弹性模量和黏性系数如表 6-1 所示。

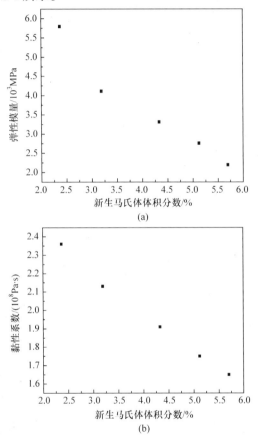

图 6-17　TRIP600 钢的弹性模量和黏性系数随新生马氏体体积分数变化的散点图

从图 6-17 中能够看出，TRIP 钢弹性模量 E 和黏性系数 η 均伴随着新生马氏体体积分数的增大而呈递减趋势。也就是说，马氏体的生成使材料的弹性性质和黏性性质同时减弱，使材料塑性提高的同时也更具有"流动性"。

6.4　非弹性回复分析

TRIP 钢作为现代汽车生产的主要用钢，除了在变形过程中的马氏体转变(TRIP 效应)，其黏塑性本构关系难以确定的另一个重要原因是在变形末期及卸载后，由于黏弹性特性而出现回弹行为。

材料的弹性性能主要通过弹性模量来表征，很多对回弹现象的研究都把弹性模量看成保持不变的参量，认为材料在卸载时应力和应变二者之间依然遵循胡克定律，只考虑弹性回复。但也有研究表明，包括 TRIP 钢在内的很多金属如铝合金、铜合金及其他钢种在卸载过程中都存在弹性模量随着应变改变而改变的现象，即出现非弹性回复。例如，Cleveland 等[56]分析了 6111 系铝合金的非弹性回复现象，指出卸载条件下非弹性回复的出现会使整体的形变回复量增大，且其回复量大小取决于卸载时的应力状态；Luo 等[57]研究发现，DQSK 深冲钢板的弹性模量在加载过程中随着变形的增大而递减，而在卸载过程中随着应力的减小而递减；Yang 等[58]采用宏微观结合的方法研究了弹性模量在塑性变形过程中的变化规律，从位错运动和位错塞积的角度解释了弹性模量的降低现象。

流变的基本量度是功，力是运动的主动转移，而运动转化的量度是能。物体的动量和能量的传递和转化，可以表征为力的时空累积效应，所以能量就是物质的运动。

通过循环加载-卸载实验来研究 TRIP600 钢弹性模量随应变增大的变化趋势，从能量角度用流变模型理论来阐述弹性模量的变化模型。根据 TRIP600 钢的塑性指标(断裂延伸率 39.5%)，在 5%～35%每隔 5%加载并卸载一次，采集工程应力-应变关系曲线，如图 6-18 所示。

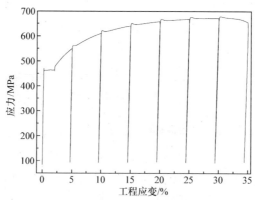

图 6-18　TRIP600 钢在不同应变条件下循环加载-卸载的应力-应变曲线

单独取出 TRIP600 钢在工程应变 10%卸载时的应力-应变曲线作为典型进行分析，如图 6-19 所示，图中可以看到三条曲线，曲线 *APB* 是实际卸载曲线，虚线 *AB* 为卸载曲线两端端点的连线，点状虚线 *AC* 则是按材料初始的弹性模量进行计算所得出的应力-应变关系曲线，初始弹性模量由首次加载时曲线的弹性部分求得。从三条曲线的位置可以看出，实际卸载时应力与应变呈非线性关系，并不满足胡克定律，且实际回复量大于按照初始弹性模量卸载时的回复量，即在弹性回复的同时还存在一定量的非弹性回复。从图中可以由曲线的投影来表征回复量，实际回复量为 BD，等于弹性回复量 CD 与非弹性回复量 BC 之和。通过数值计算，可以得出非弹性回复量占总回复量的比例为

$$\rho = \frac{f_{\text{ne}}}{f} = \frac{BC}{BD} = \frac{0.09719 - 0.09620}{0.09988 - 0.09620} \times 100\% = 26.9\% \qquad (6\text{-}49)$$

式中，ρ 为非弹性回复量占总回复量的比例；f_{ne} 为非弹性回复量；f 为总回复量。

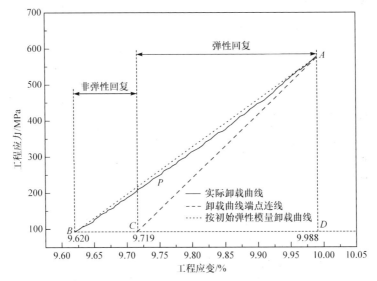

图 6-19　TRIP600 钢在工程应变 10%卸载条件下的应力-应变曲线

如图 6-20 所示加载-卸载过程，在加载和卸载初期，曲线的斜率近似等于杨氏模量，并且分别存在一个临界点，当超过这个临界点时，加载和卸载过程的曲线斜率开始减小。卸载后可以将应变分为三部分，即弹性应变、塑性应变和非弹性应变，它们的关系如式(6-50)所示。在一个周期中存在两个重要的性质：①与弹性变形类似，具有回复性质；②与塑性变形类似，是一个能量耗散的过程。一些卸载过程中的滞弹性行为模型，主要是基于位错堆积及松弛现象而建立的，而在流变学理论中利用模型理论基本元件的组合可以描述这一非弹性回复现象。

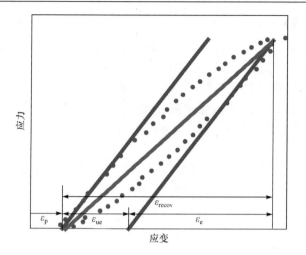

图 6-20　加载-卸载曲线及应变关系

$$\varepsilon = \underbrace{\varepsilon_e + \varepsilon_{ue}}_{\text{能量耗散}} + \varepsilon_p$$

$$= \underbrace{\varepsilon_e + \varepsilon_{ue}}_{\text{回复}} + \varepsilon_p \tag{6-50}$$

弹性回复及能量耗散这两个重要的形式可以通过"弹簧"和"粘壶"的串联进行描述，其结构与能量的分布如图 6-21 所示。根据流变学理论，可构建一个统一的、模型中参数含义不同的本构关系。

基于各个部件的基本性质，非弹性回复过程中能量耗散的基本形式可以用方程(6-51)来描述：

$$y = c + b \times \exp(-at) \tag{6-51}$$

提取卸载过程的曲线，并将其转化成真应力-应变曲线。通过多项式拟合并进行微分处理，取其零点处的倒数值作为此应变下卸载时的弹性模量。根据此方法计算出相应的每次卸载过程中弹性部分的弹性模量。将求解出的一系列弹性模量利用方程(6-51)进行拟合，得到本实验用钢在不同应变下卸载时弹性模量的变化方程：

$$E = 104.7 + 73.8\exp(-12.4\overline{\varepsilon}_p) \tag{6-52}$$

式中，$\overline{\varepsilon}_p$ 是等效塑性应变，因此只要代入应变就可以求得此处卸载时的弹性模量。

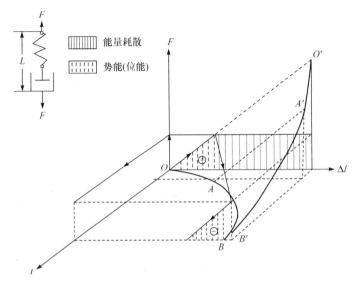

图 6-21　能量关系图

　　为了验证求得方程的准确性及精度，进行了一组验证实验，应变量从 2.5%到 32.5%每 5%进行一次卸载。实验得到的弹性模量以及利用模型(6-52) 得到的计算结果如图 6-22 和表 6-3 所示，结果显示，最大的误差仅有 6.01%，最小的误差为 0.53%。因此，基于流变模型理论建立的本构关系可以很好地描述非弹性回复行为。

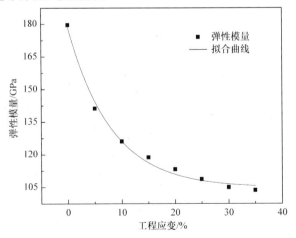

图 6-22　卸载条件下弹性模量与应变之间的关系

表 6-3　弹性模量随工程应变的计算和实验结果

工程应变/%	2.5	7.5	12.5	17.5	22.5	27.5	32.5
实验数据/GPa	158.87	133.89	120.42	113.17	109.26	107.16	106.02
计算结果/GPa	149.85	133.05	121.06	114.21	110.56	106.78	104.29
误差/%	6.01	0.63	0.53	0.91	1.17	0.35	1.66

6.5　有限元仿真实例

冲压工艺的可成形性和可靠性是获得优秀品质汽车结构件的重要因素,它不仅反映了产品的成形性(开裂、起皱、拉延不充分、回弹等)、产品表面精度,更决定了成品的可靠性。TRIP 钢成形难的主要原因是其本构关系不明确,导致所施加的外力与预期不协调。实际生产中,本着降低成本的原则,要对材料的塑性变形过程进行有限元数值模拟,而数值模拟的前提就是采用能够合理表达材料变形过程的本构模型。本节利用软件自带的本构方程和流变学本构方程进行某汽车柱的冲压过程模拟,来验证流变学本构模型的合理性。

以某型号汽车柱为研究对象,进行冲压工艺的分析,其为外形尺寸约 1700mm×270mm×130mm、板料厚度 1mm 的 TRIP600 钢板。该零件侧壁陡峭,是一个典型的类 U 形结构件,成形质量要求较高,且具有材料厚、形状复杂和回弹大等特点。成形过程中一般采用冲压成形工艺。

坯料形状及尺寸确定是冲压设计中的一个重要环节,对冲压成形结果有很大的影响。本节首先利用板料成形非线性有限元分析软件 Dynaform 中的坯料工程模块进行坯料轮廓线估算,为保证零件成形后留有修边余量,将估算获得的轮廓线整体向外偏移 15mm,并且考虑到实际生产及零件的外形特点,对坯料轮廓线矩形化,获得最终的坯料轮廓线。根据零件的几何模型,在 Dynaform 软件中进行模型设置,有限元网格划分采用 B-T 单元,单元格的最大值设为 5mm,最小处为 1mm。

在有限元计算机辅助工程分析技术中,网格的合理设定是建立模型的一个非常重要的过程,网格划分的大小、数量和分布密度直接影响数值模拟的最终结果和运行速率,所以在网格划分过程中还应考虑以下问题。

(1) 单元格数量。网格划分的数量直接影响模拟计算结果的精确度和计算时间,网格数量越多,模拟计算的精度越高,但数据运算时间随之增加,反之亦然。所以,在确定网格数量时要根据具体的冲压件外形尺寸、复杂程度、工艺流程等综合考量。

(2) 单元格密度。对于形状复杂的构件，除了考虑单元格数量，还要考虑单元格密度，复杂的零件在成形过程中单元与单元的应力分布是不连续的，所以单元格的密度应该相应做出调整。在型面复杂的区域，要求成形精度高的部分网格的密度应该相对大一些，在型面不复杂的区域网格密度可以小一些。

(3) 板料的网格划分。Dynaform 控制板料网格的参数主要有 Tools Radius 和 Elements Size。Tools Radius 是指工具上所关注的最小圆弧半径，通过这个圆弧半径来确定所需单元格尺寸的大小。Elements Size 是指板料网格的最大尺寸，用此来控制坯料网格。另外，板料网格划分的基本要求是尽可能采用尺寸均匀的正方形单元。

该汽车件冲压成形过程的网格划分完成后的三维图形如图 6-23 所示，从上至下依次为凹模、板料、压边圈、凸模。

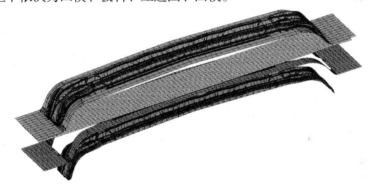

图 6-23　汽车件冲压成形过程三维示意图

利用此零件不易成形的特点，采用设定好的相同冲压工艺条件，采用不同的本构方程，通过数值模拟板料冲压过程，分析成形后的缺陷，以对比两次模拟结果的冲压成形性能。

成形时，模具间隙取板料厚度的 10%，压边力设为 400kN。另外，在板料成形的有限元分析中，如果冲压速度采用实际值，会需要很长的计算时间，为了提高计算效率，需要用虚拟冲压速度进行计算，以减少模拟求解时间，因此实验所选用的冲压速度为 2000mm/s。

采用 TRIP600 高强度钢的材料参数和本章设置的成形参数进行有限元模拟，并对相关拉延筋进行初次模拟设置。未设置拉延筋的初次模拟结果表现为：零件成形后，零件两端出现破裂；零件中部及压料面出现起皱或严重起皱，特别是压料面的四个角出现了较大面积的严重起皱，零件中间部

位存在拉深不足的现象。零件的左右两端严重减薄，最小壁厚约为
0.487mm，减薄率达 48.7%。经分析认为，零件在成形过程中，中部区域金
属的流动发生急剧变化，导致其应力分布不均而出现起皱现象，成形时未
设置拉深筋对金属的流动进行控制，使其出现拉深不足的现象，因此要进
行拉延筋设置。同时，零件两端由于成形过程中压料面出现起皱现象，导
致坯料流入变形区的金属变少，坯料不能及时补偿该区域零件成形，使零
件发生严重减薄或破裂。因此，为减少坯料流入模具的阻力，改善零件端
部坯料的流动情况，结合零件的结构形状，在坯料两端各剪去一个梯形，
获得改进后的坯料轮廓线并再次进行有限元模拟，得到零件模拟结果。

　　两次有限元数值模拟的结果如图 6-24 所示。

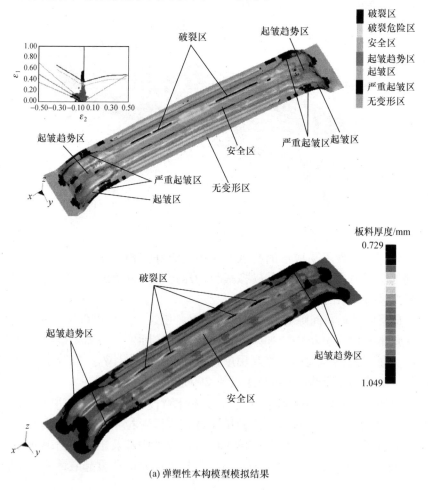

(a) 弹塑性本构模型模拟结果

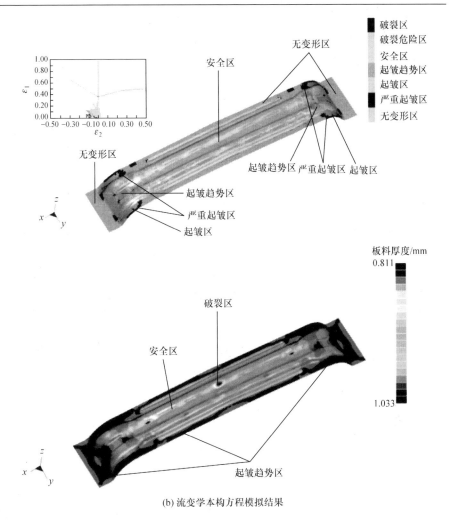

(b) 流变学本构方程模拟结果

图 6-24 板料冲压成形极限图(FLD)和厚度分布云图

由图 6-24 中两次数值模拟结果可以看出，相同的冲压过程和边界条件下，流变学本构方程模拟的冲压成形结果较为符合设计要求，零件整体均处于安全区域，零件内部所有节点的应变值都在安全成形极限内，只是在零件两个端部有一些起皱趋势区，零件整体形变区域应力分布合理，未出现严重破裂及起皱现象。从厚度分布云图来看，除了在中部有一点厚度减薄率较大，其他区域的厚度分布情况均为浅色区域，冲压成形效果良好。

第 7 章　流变学在其他金属加工过程中的应用

7.1　焊接过程中的流变学应用

不同于连铸或模铸过程，焊接过程中的材料被快速加热，且快速凝固。整个过程在极短的时间内发生，微观的变化过程也十分剧烈。除了熔化、凝固过程外，还存在固态相变，如果每个过程都考虑，是十分复杂的。采用材料流变学理论建立焊接过程中的本构模型时可以客观地阐明液相区的金属流动、两相区的凝固和固相区的变形行为，能够兼顾凝固(液态相变)和组织演变(固态相变)引起的能量传输；再由宏观与微观结合的方法确定材料的热物性参数、热力边界条件和组织演变状况，分别解出熔池的液态流动、结合区的熔融态黏弹性流动与变形，以及热影响区固态变形不同区域间的流变学本构方程；最后将熔化区域的液相区、两相区、固相热影响区视为一体，建立整体区域的数学模型。

在过去的 40 年中，人们对焊接残余应力进行了大量的研究，开发了一些实验测量方法，如 X 射线衍射法等非结构破坏测量方法或盲孔法等结构破坏方法。除实验方法外，有限元模拟是一种有效预测与评估残余应力的方法，但其模拟的准确性完全取决于所选用的本构模型。在对焊接残余应力的有限元模拟中，几乎所有的研究者都假设在一定温度以下残余应力是与时间(或时间变化率)无关的弹塑性材料响应，而在高温条件下率相关的弹黏塑性材料的响应更加适合。

Qin 等[59]提出了一种热弹黏塑性模型应用于搅拌摩擦焊过程中残余应力的分析，其计算过程中采用了两步控制计算方法，首先耦合热黏塑性分析计算搅拌头周围的温度分布和材料流动，然后进行弹黏塑性分析，对残余应力进行计算。

7.1.1　热黏塑性耦合分析

1. 平衡方程

假设惯性力和体力忽略不计，动量平衡方程可以简化成以下平衡方程：

$$\frac{\partial \sigma_{ij}}{\partial x_i} = 0 \qquad (7\text{-}1)$$

式中，σ_{ij} 为柯西应力张量；x 为空间位置坐标。黏塑性应力-应变关系为

$$\sigma'_{ij} = 2\mu D_{ij} \qquad (7\text{-}2)$$

μ 为材料的黏性系数；D_{ij} 为材料流动应变速率，可表示为

$$D_{ij} = \frac{1}{2}(L_{ij} + L_{ji}) \qquad (7\text{-}3)$$

L_{ij} 为速度梯度，可表示为

$$L_{ij} = \frac{\partial v_i}{\partial x_j} \qquad (7\text{-}4)$$

由于假设材料是不可压缩的，其应变率张量的迹为零，即

$$\text{trace}(D) = D_{ij} = 0 \qquad (7\text{-}5)$$

2. 内变量演化方程

Anand 本构模型[60]用来描述焊接过程中材料的硬化行为，其内变量 s 可以表示为

$$\dot{s} = g(\bar{\sigma}, s) \qquad (7\text{-}6)$$

Anand 本构关系为

$$\dot{\bar{\varepsilon}}^{\mathrm{vp}} = f(\bar{\sigma}, s) = A\exp\left(-\frac{Q}{RT}\right)\left[\sinh\left(\xi\frac{\bar{\sigma}}{s}\right)\right]^{1/m} \qquad (7\text{-}7)$$

式中，Q 为热激活能；R 为理想气体常数；T 为热力学温度。

3. 能量平衡方程

在空间描述下，准静态问题的能量平衡方程表达如下：

$$\rho c_{\mathrm{p}} v_i \frac{\partial T}{\partial x_i} = -\frac{\partial q_i}{\partial x_i} + Q \qquad (7\text{-}8)$$

式中，ρ 为材料的密度；c_{p} 为比热容；T 为温度；Q 为内部产热率；q_i 为热流矢量。

7.1.2　弹黏塑性分析

计算残余应力的过程中需同时对速度 v、总变形梯度 $\boldsymbol{F}$、黏塑性部分的变形梯度 $\boldsymbol{F}^{\mathrm{vp}}$ 和内变量 s 进行求解。这些参数的控制方程如下。

类似于热黏塑性耦合分析，平衡方程为

$$\frac{\partial \sigma_{ij}}{\partial x_i} = 0 \tag{7-9}$$

在弹黏塑性分析中，广义 Maxwell-Voigt 塑性模型替代 Maxwell 模型[61]，在高温段，Maxwell-Voigt 模型很好地描述了这一过程的流变行为，并且能够使弹性部分到黏弹性部分很好地过渡。假设材料形变应力由弹性变形和材料黏性流动两部分组成，因此应力-应变关系如下：

$$\sigma'_{ij} = C_{ijkl}\varepsilon^{\mathrm{e}}_{kl} + 2\mu D_{ij} \tag{7-10}$$

式中，C_{ijkl} 为四阶各向同性弹性张量；μ 为黏性系数。

弹性应变张量 $\varepsilon^{\mathrm{e}}_{ij}$ 为

$$\varepsilon^{\mathrm{e}}_{ij} = \frac{1}{2}\left[\delta_{ij} - (F^{\mathrm{e}}_{kj}F^{\mathrm{e}}_{ki})^{-1}\right] \tag{7-11}$$

式(7-11)中变形梯度张量 F^{e}_{ij} 弹性部分可以由总变形梯度张量 F_{ij} 分解得到，即

$$F^{\mathrm{e}}_{ij} = F_{ik}(F^{\mathrm{vp}}_{lj}F^{\theta}_{kl})^{-1} \tag{7-12}$$

热变形梯度张量可以由式(7-13)得到：

$$F^{\theta}_{ij} = v(\theta)\delta_{ij} \tag{7-13}$$

对总变形梯度 $\boldsymbol{F}$ 的物质导数进行求解，可以得到：

$$\frac{DF_{ij}}{D\tau} = L_{ik}F_{kj} \tag{7-14}$$

在稳态欧拉空间流场中，局部导数即空间点时间导数为零，则式(7-14)可以表示为

$$\dot{F}_{ij} = v_k \frac{\partial F_{ij}}{\partial x_k} = L_{ik}F_{kj} \tag{7-15}$$

其中，黏塑性部分的变形梯度可以表示为

$$\dot{F}^{\mathrm{vp}}_{ij} = v_k \frac{\partial F^{\mathrm{vp}}_{ij}}{\partial x_k} = L^{\mathrm{vp}}_{ik}F^{\mathrm{vp}}_{kj} \tag{7-16}$$

黏塑性应变率张量 D_{ij}^{vp} 可由式(7-17)得到:

$$D_{ij}^{\mathrm{vp}} = \left(\frac{3}{2}\right)^{1/2} \dot{\bar{\varepsilon}}^{\mathrm{vp}} N_{ij} \tag{7-17}$$

式(7-17)中等效黏塑性应变速率 $\dot{\bar{\varepsilon}}^{\mathrm{vp}}$ 由本构关系 $f(\bar{\sigma},s)$ 定义,塑性流动的方向可由张量 N_{ij} 表示:

$$N_{ij} = \left(\frac{3}{2}\right)^{1/2} \frac{\sigma_{ij}'}{\bar{\sigma}} \tag{7-18}$$

其中, $\bar{\sigma}$ 为等效应力; σ_{ij}' 为柯西应力偏张量,定义为

$$\bar{\sigma} = \sqrt{\frac{3}{2} \sigma_{ij}' \sigma_{ij}'}$$
$$\sigma_{ij}' = \sigma_{ij} - \frac{1}{3} \sigma_{kk} \delta_{ij} \tag{7-19}$$

图 7-1 为 Qin 等[59]利用热弹黏塑性模型对高强低合金钢搅拌摩擦焊过程残余应力的模拟与实测结果,由于采用的是二维模型,厚度方向的残余应力的分布不能被计算出来,因此二维模型仅能表征残余厚度方向上残余应力的平均值。比较计算与测量结果可以得出,无论是计算结果还是测量结果,最大残余应力都在受拉应力一侧。对比受拉应力一侧和受压应力一侧,受拉应力一侧的计算值与测量值的偏差较大。

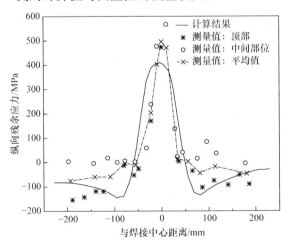

图 7-1 垂直于焊接方向的残余应力分布[59]

7.2　热轧过程中的流变学应用

众所周知，精确的模拟轧制过程的主要难点是如何正确描述轧制过程中材料的流动应力变化，以及变形过程中各种变量是否全部都考虑。

Kowalski 等[62]利用实验室热变形实验得到的应力-应变曲线对本构方程进行推导，虽然这种方法具有一定的经验成分，但其变形过程中的加工硬化和动态软化与再结晶过程对微观组织有直接的影响。因此，微观组织变化的特点是可以从应力-应变曲线上一些特殊点"读"出来的，如图 7-2 所示。

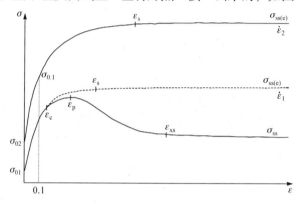

图 7-2　热变形过程的应力-应变曲线

图 7-2 中，$\sigma_{0i}(i=1,2)$ 为开始发生塑性变形时的应力值；$\sigma_{0.1}$ 为应变为 0.1 时对应的等效应力；$\sigma_{ss(e)}$ 为硬化和软化达到动态平衡时的稳态流动应力；σ_{ss} 为发生动态再结晶时的稳态流动应力；ε_c 为发生动态再结晶时的应变；ε_p 为发生动态再结晶后的流动应力峰值；ε_{xs} 为开始进入稳态时的应变。

以上这些特殊的应力和应变点都依赖于应变率 $\dot{\varepsilon}(\mathrm{s}^{-1})$ 和温度 T，因此可以利用 Zener-Hollomon 关系描述这两者之间的关系：

$$Z = \dot{\varepsilon}\exp\left(\frac{Q_{\mathrm{def}}}{RT}\right) \tag{7-20}$$

式中，Q_{def} 为激活能；R 为气体常数。

特征应力值与 Z 值符合双曲线关系[63]：

$$Z = A^{*}(\sinh(\alpha^{*}\sigma^{*}))^{n^{*}} \tag{7-21}$$

式中，A^{*}、α^{*}、n^{*} 对于特征应力 σ^{*} 均为常数，因此 α^{*} 和 Z 的关系可由式(7-22)给出：

$$\sigma^{*} = \frac{1}{\alpha^{*}}\mathrm{arsinh}\left(\frac{Z}{A^{*}}\right)^{1/n^{*}} \tag{7-22}$$

从式(7-22)中可以看出，Z 必然不能是一个很小的值，否则不符合实际的应力情况。为了建立特征应力与应力-应变曲线之间的联系，在发生加工硬化和动态回复的过程中引入：

$$\sigma_{(e)} = \sigma_0 + (\sigma_{ss(e)} - \sigma_0)\left[1 - \exp\left(-\frac{\varepsilon}{\varepsilon_r}\right)\right]^{1/2} \tag{7-23}$$

式中，ε_r 是在应力 σ_0 和应力 $\sigma_{ss(e)}$ 之间曲线部分对应的一个特征应变，有如下关系[62]：

$$0.98 = \left[1 - \exp\left(-\frac{\varepsilon_s}{\varepsilon_r}\right)\right]^{1/2} \tag{7-24}$$

$$\varepsilon_r = \frac{\varepsilon_s}{3.23} \tag{7-25}$$

$$\varepsilon_s = a + b(\sigma_{ss(e)})^2 \tag{7-26}$$

式中，a 和 b 均为常数，但对于不同的钢，其数值不同。

式(7-23)描述了没有发生动态再结晶时金属的软化过程。当发生动态再结晶时，附加的软化过程描述如下：

$$\frac{\sigma_{(e)} - \sigma}{\sigma_{ss(e)} - \sigma_{ss}} = 1 - \exp\left(-\frac{\varepsilon - \varepsilon_c}{\varepsilon_{xr} - \varepsilon_c}\right)^m \tag{7-27}$$

式(7-27)的形式与 Avrami 方程类似，假设软化比例与再结晶分数呈线性关系，此时流动应力 σ 表示如下：

$$\sigma = \sigma_{(e)} - (\sigma_{ss(e)} - \sigma_{ss})\left[1 - \exp\left(-\frac{\varepsilon - \varepsilon_c}{\varepsilon_{xr} - \varepsilon_c}\right)^m\right], \quad \varepsilon > \varepsilon_c \tag{7-28}$$

应变 ε_{xr} 为第一个再结晶周期内的应变间隔。根据前文对 ε_{xs} 的定义以及式(7-26)，当 $m=2$ 时，有

$$0.98 = 1 - \exp\left(-\frac{\varepsilon_{xs} - \varepsilon_c}{\varepsilon_{xr} - \varepsilon_c}\right)^2 \tag{7-29}$$

从而可以得到

$$\varepsilon_{xr} - \varepsilon_c = \frac{\varepsilon_{xs} - \varepsilon_c}{0.98} \tag{7-30}$$

式中，ε_c 在文献[64]中给出：

$$\varepsilon_c = C_c \left(\frac{Z}{\sigma_{ss(e)}^2}\right)^{N_c}$$

或

$$\varepsilon_{xr} - \varepsilon_c = C_c \left(\frac{Z}{\sigma_{ss(e)}^2}\right)^{N_c} \tag{7-31}$$

因此，可以得知当变形达到 $\varepsilon_c > \varepsilon_s$ 时，动态再结晶将不再进行。

　　Hadasik 等[65]利用式(7-28)对 IF 钢、DP 钢和 TRIP 钢的热轧过程进行了有限元模拟。模拟过程中所需要的变量值如表 7-1 所示。计算结果如表 7-2 所示。

表 7-1　材料参数

参数	IF 钢	DP 钢	TRIP 钢
A_0	1.01832×10^{13}	1.1629×10^{13}	1.4901×10^{13}
n_0	21.9756	56.133	76.483
α_0	0.0325294	0.031367	0.032586
A_{ssc}	1.38031×10^{12}	2.0304×10^{12}	1.7485×10^{12}
n_{ssc}	7.92788	6.4083	5.2613
α_{ssc}	0.0088	0.0074924	0.0074961
A_{ss}	6.27938×10^{13}	3.0982×10^{13}	3.0982×10^{13}
n_{ss}	5.64863	4.3814	4.3814
α_{ss}	0.0065	0.0067471	0.00571
q_1	0.849745	0.48094	0.48094
q_2	4.66065×10^{-11}	3.5510×10^{-10}	3.5510×10^{-10}
C_c	0.0460338	0.10270	0.1027
N_c	0.00852	0.021744	0.021744
C_x	0.00308061	0.0051035	0.0051035
N_x	0.303346	0.33031	0.33031
Q_{def}	322610	310530	310530

表 7-2　轧制参数和轧制力与扭矩的实测与计算结果

轧制道次	T /℃	h /mm	r /mm	b /mm	v /(m/s)	n /(r/min)	DP 钢			IF 钢			TRIP 钢		
							F/kN		M /(kN·m)	F/kN		M /(kN·m)	F/kN		M /(kN·m)
	m						m	c	m	m	c	m	m	c	m
0	—	30	—	60	—	—	—		—	—		—	—		—
1	1230	29.5	0.017	60.3	3	169	126	36	11.8	24	0.8	0.8	151	34	12.4
2	1208	25.3	0.142	64.7	3	169	119	151	10.8	106	8	8	154	152	11.9
3	1141	20.5	0.19	68.8	2.5	141	178	222	11.2	143	9.3	9.3	193	226	12.1
4	1113	17.3	0.156	71.5	2.5	141	177	197	9.3	129	7.9	7.9	207	205	11.1
5	966	13	0.249	74.5	2.5	141	428	439	17.6	266	11.6	11.6	386	404	15.8
6	964	8.2	0.369	76.2	1.6	158	409	409	6.9	257	4.05	4.05	354	346	5.6
7	926	4.3	0.476	77.6	2.3	223	499	436	7.4	334	4.75	4.75	451	408	6.2
8	934	3	0.302	78.3	3.5	334	328	305	3.1	200	1.7	1.7	307	289	2.7

注：T 为温度；h 为板带厚度；r 为减薄厚度；b 为板宽；v 为轧制速度；n 为轧辊转速；F 为轧制力；M 为扭矩；m 为实测结果；c 为计算结果。

图 7-3 比较了 IF 钢热轧过程中温度的实测值和计算值，计算结果取钢带中心位置和表面位置处的温度，而测量时使用的是光学高温测温仪，因此

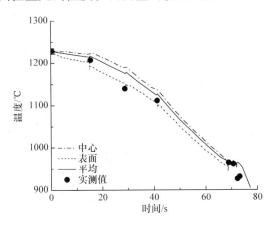

图 7-3　IF 钢热轧过程中温度的实际值与计算值

仅能测得钢带表面的温度。从图中可以发现，测量结果和计算结果具有较好的一致性。

表 7-2 和图 7-4 为轧制过程的计算与实测结果，从中可以发现，计算结果和实测结果存在一定的差异，值得注意的是，计算过程中每次输入的板带厚度并不是实测结果，而是根据轧辊之间的辊缝大小输入的，并没有考虑轧后弹性恢复等一些因素导致板带厚度偏大的影响，因此计算结果与实际结果存在一定的偏差。而轧制过程中扭矩的变化受系统控制，即通过改变电流的方法来控制，因此没有给出扭矩的结果比较。

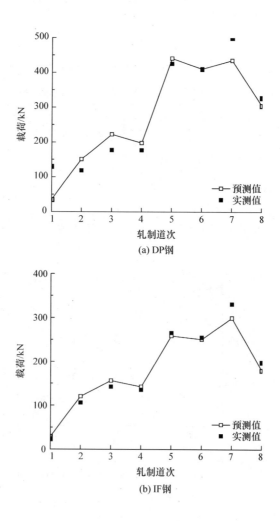

(a) DP钢

(b) IF钢

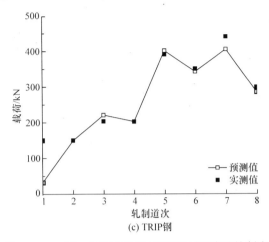

(c) TRIP钢

图 7-4　DP 钢、IF 钢和 TRIP 钢热轧过程中的轧制力

7.3　激光加工过程中的流变学应用

选择性激光烧结作为快速成形技术的一种，自问世以来就得到了广泛应用。使用激光器作为能源，使用的造型材料多为粉末材料，加工时，首先将粉末预热到稍低于粉末熔点的温度，然后在刮平棍子的作用下将粉末铺平，激光束在计算机控制下根据分层截面信息进行有选择的烧结，一层完成后再进行下一层烧结，完全烧结后去掉多余的粉末，则得到一个烧结好的零件。

传统的本构模型并不能完整地表达出激光烧结过程中的热、力及流变过程。而基于流变学理论的模型可以表示出具有多孔混合粉末的黏塑性行为。在烧结过程中，不同粉末介质之间物性参数不同会导致热应力的产生。而孔隙率 θ 作为主要流变参数在前人的工作中已有描述[64]。流变参数孔隙率 θ 通过微孔的体积与总体积的比值来定义：

$$\theta = \frac{V_{\text{pores}}}{V_{\text{total}}} \tag{7-32}$$

多孔介质与构成其骨架材料之间的弹性模量、剪切模量、膨胀系数等材料参数与孔隙率 θ 具有一定的关系[66]，如下：

$$\mu = \mu_0 (1-\theta)^2 \tag{7-33}$$

$$\xi = \frac{4}{3} \frac{\mu(1-\theta)}{\theta} \tag{7-34}$$

$$\frac{1}{K} = \frac{1}{K_0(1-\theta)} + \frac{3}{4E_0}\frac{\theta}{(1-\theta)^3} \tag{7-35}$$

$$\rho = \rho_0(1-\theta) \tag{7-36}$$

$$E = E_0(1-\theta)^2 \tag{7-37}$$

$$\lambda(\rho) = \lambda_0\left(\frac{\rho}{\rho_0}\right) \tag{7-38}$$

式中，μ、ξ、E、K、λ、ρ 分别代表剪切模量、黏性系数、杨氏模量、膨胀系数、热导率和粉末的密度，而变量的角标"0"代表固态状态下的物理值。在激光烧结过程中，体积发生变化是由内部孔隙间不可压缩的耐高温相在相对低温的熔体中发生黏性流动引起的。

$$\frac{\dot{V}}{V} = \frac{\dot{\theta}}{1-\theta} \tag{7-39}$$

式中，V 为烧结速度。符号变量上的点代表对变量求时间的偏导数，激光烧结时形状和体积的变化导致粉末混合物的剪切模量和黏性系数等物理量发生变化，而这些变量的变化是由烧结过程中粉末的密度和温度变化决定的。

Skorohod[66]对激光烧结过程中的弹性和黏性行为进行描述，得出

$$\sigma_{ij} - P\delta_{ij} = 2G\left(\varepsilon_{ij} - \frac{\varepsilon\delta_{ij}}{3}\right) \tag{7-40}$$

$$P = K\varepsilon - 3K\alpha(T - T_0) \tag{7-41}$$

$$\sigma_{ij} - P\delta_{ij} = 2\mu\left(e_{ij} - \frac{\varepsilon\delta_{ij}}{3}\right) \tag{7-42}$$

$$P = \xi e \tag{7-43}$$

$$e = \dot{\varepsilon} = \frac{\dot{\theta}}{1-\theta} \tag{7-44}$$

式中，σ_{ij} 和 ε_{ij} 分别为应力和应变张量；δ_{ij} 为克罗内克符号；e_{ij} 为应变率张量；G 为剪切模量；T 和 T_0 分别为当前温度和初始温度；α 为热膨胀系数；

$$P = \frac{\sigma_{ii}}{3}, \quad \varepsilon = \varepsilon_{ii} \tag{7-45}$$

式(7-40)～式(7-42)描述的是弹性变形；式(7-3)和式(7-4)描述的是黏性变形，其黏性通过 Maxwell 模型来描述。除弹性变形和黏性变形方程外，还需连续方程和热方程加以补充，因为激光束是柱面对称结构，其定义如下：

$$\frac{\partial \rho}{\partial t} + \nabla(\rho V) = 0 \tag{7-46}$$

$$c\left[\frac{\partial(\rho T)}{\partial t} + \nabla(\rho VT)\right] = \nabla(\lambda(\rho)\nabla T) + Q \tag{7-47}$$

式中，V 为粉末烧结速度；Q 为激光体单元热源方程，根据此体单元，其热源方程为

$$Q = \alpha_1 AI\theta\exp\left(\frac{-r^2}{r_d^2}\right)\delta(t - n\Delta t) \tag{7-48}$$

式中，I 为激光强度；A、α_1 分别为表面和内部的激光吸收系数；r_d 为激光束直径。因此，激光的加热区域在 x 轴与 y 轴平面上的加热区域远小于在 z 轴上的加热区域，而激光烧结一道次的时间要少于激光热弛豫时间。这个模型并不适合烧结过程的起始段和结束段区域，δ 函数中的时间延迟由激光扫描速度 $\Delta t = \Delta x/V_L$ 决定，Δx 为每道次之间的扫描间距，n 为烧结道次。由图 7-5 可知，激光烧结的路径是往复进行的，烧结过程的边界条件为

$$\begin{cases} -\lambda(P)\dfrac{\partial T}{\partial z}(z=0,t) = AI(1-\theta) \\[2mm] -\lambda(P)\dfrac{\partial T}{\partial z}(z=h,t) = 0 \\[2mm] T(z,t=0) = T_0 \\[2mm] V(z=h) = 0 \\[2mm] \sigma_{zz}(z=0) = \sigma_{rz}(z=0) = 0 \\[2mm] \rho(z,t=0) = \rho_i \\[2mm] \rho(z,t=\tau_{nm}) = \rho_f \end{cases} , \quad 0 \leqslant z \leqslant h, 0 \leqslant t \leqslant \tau_{nm} \tag{7-49}$$

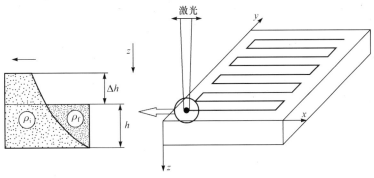

图 7-5　选区激光烧结示意图

当孔隙率 $\theta = 0$ 时，对应的是固态物质的加热问题；当 $\theta = 1$ 时，对应的是悬浮液问题。与实际工况相对应，粉末填充表面的应力应该为零，并且烧结后的低层区域的应变率应该为零。式(7-40)～式(7-49)给出了烧结过程中耦合热-黏塑性。选区激光烧结(SLS)过程中的塑性会在至少混合粉末中的一种粉末超过了其弹性极限时出现。如果没有已有的塑性方程对塑性区变形和应力变化的描述，那么要完成这一分析过程是非常困难的。值得注意的是，在这一过程中伴有潜热的释放和新相形核等热过程，并且会发生自蔓延高温合成(SHS)，这是一个非常复杂的过程，因为需要考虑 SHS 过程中的放热过程对热应力和附加相变应力的影响。

参 考 文 献

[1] Reiner M, Leaderman H. Deformation, strain, and flow[J]. Physics Today, 1960, 13(9): 47-48.

[2] 江体乾. 流变学在我国发展的回顾与展望[J]. 力学与实践, 1999, 21(5): 5-10.

[3] 林柏年. 铸造流变学[M]. 哈尔滨: 哈尔滨工业大学出版社, 1991.

[4] 罗迎社, 罗中华. 金属流变成形机理探讨与实例分析[J]. 热加工工艺, 1997, (2): 11-13.

[5] 孙蓟泉, 尹衍军, 牛闯, 等. 基于流变学理论的 TRIP600 钢本构模型研究[J]. 机械工程学报, 2016, 52(10): 75-83.

[6] Sobotka Z. Rheology of orthotropic visco-elastic plates[C]. The 5th International Congress on Rheology, 1971: 175-184.

[7] 冯明珲, 吕和祥, 郭宇峰. 黏弹塑性统一本构模型理论[J]. 计算力学学报, 2001, (4): 424-434.

[8] 杨桂通. 塑性动力学(新版)[M]. 北京: 高等教育出版社, 2000.

[9] Chan K S, Lindholm U S, Bodner S R, et al. A survey of unified constitutive theories[C]. Proceedings of a Symposium held at NASA Lewis Research Center Nonlinear Constitutive Relations for High Temperature Application, 1985.

[10] Rice J R. Inelastic constitutive relations for solids: An internal-variable theory and its application to metal plasticity[J]. Journal of the Mechanics and Physics of Solids, 1971, 19(6): 433-455.

[11] 杨顺华. 晶体位错理论基础(第一卷)[M]. 北京: 科学出版社, 1998.

[12] 冯端. 金属物理学 第三卷 金属力学性质[M]. 北京: 科学出版社, 1999.

[13] Bari S, Hassan T. Anatomy of coupled constitutive models for ratcheting simulation[J]. International Journal of Plasticity, 2000, 16(3): 381-409.

[14] Taheri S, Lorentz E. An elastic-plastic constitutive law for the description of uniaxial and multiaxial ratchetting[J]. International Journal of Plasticity, 1999, 15(11): 1159-1180.

[15] Bodner S R, Partom Y. A large deformation elastic-viscoplastic analysis of a thick-walled spherical shell[J]. Journal of Applied Mechanics, 1972, 39(3): 751-757.

[16] Hart E W. Constitutive relations for the nonelastic deformation of metals[J]. Journal of Engineering Materials and Technology, 1976, 98: 193-202.

[17] Lee D, Zaverl F. A generalized strain rate dependent constitutive equation for anisotropic metals[J]. Acta Metallurgica, 1978, 26(11): 1771-1780.

[18] Miller A. An inelastic constitutive model for monotonic, cyclic, and creep deformation: Part I—Equations development and analytical procedures[J]. Journal of Engineering Materials and Technology, 1976, 98(2): 97-105.

[19] Liu M, Krempl E. A uniaxial viscoplastic model based on total strain and overstress[J]. Journal of the Mechanics and Physics of Solids, 1979, 27(5-6): 377-391.

[20] Krempl E, Choi S H. Viscoplasticity theory based on overstress: The modeling of ratchetting and cyclic hardening of AISI type 304 stainless steel[J]. Nuclear Engineering and Design,

1992, 133(3): 401-410.

[21] Robinson D N, Binienda W K. Model of viscoplasticity for transversely isotropic inelastically compressible solids[J]. Journal of Engineering Mechanics, 2001, 127(6): 567-573.

[22] Perzyna P. The constitutive equations for rate sensitive plastic materials[J]. Quarterly of Applied Mathematics, 1963, 20(4): 321-332.

[23] Perzyna P. Fundamental problems in viscoplasticity[J]. Advances in Applied Mechanics, 1966, 9: 243-377.

[24] Chaboche J L. Viscoplastic constitutive equations for the description of cyclic and anisotropic behaviour of metals[J]. Bulletin de L'Academie Polonaise des Sciences Serie des Sciences Techniques, 1977, 25(1): 33-42.

[25] Bodner S R, Stouffer D C. Comments on anisotropic plastic flow and incompressibility[J]. International Journal of Engineering Science, 1983, 21(3): 211-215.

[26] Sweet L, Easton M A, Taylor J A, et al. Hot tear susceptibility of Al-Mg-Si-Fe alloys with varying iron contents[J]. Metallurgical and Materials Transactions A, 2013, 44(12): 5396-5407.

[27] Dahle A K, Stjohn D H. Rheological behaviour of the mushy zone and its effect on the formation of casting defects during solidification[J]. Acta Materialia, 1998, 47(1): 31-41.

[28] Mathier V, Jacot A, Rappaz M. Coalescence of equiaxed grains during solidification[J]. Modelling and Simulation in Materials Science and Engineering, 2004, 12(3): 479.

[29] Martin C L, Braccini M, Suéry M. Rheological behavior of the mushy zone at small strains[J]. Materials Science and Engineering A, 2002, 325(1-2): 292-301.

[30] Martin C L, Favier D. Viscoplastic behaviour of porous metallic materials saturated with liquid part I: Constitutive equations[J]. International Journal of Plasticity, 1997, 13(3): 215-235.

[31] Zavaliangos A. Modeling of the mechanical behavior of semisolid metallic alloys at high volume fractions of solid[J]. International Journal of Mechanical Sciences, 1998, 40(10): 1029-1041.

[32] Zavaliangos A, Anand L. Thermo-elastic-viscoplasticity of porous isotropic metals[J]. Journal of the Mechanics and Physics of Solids, 1993, 41(6): 1087-1118.

[33] Ludwig O, Drezet J, Martin C L, et al. Rheological behavior of Al-Cu alloys during solidification constitutive modeling, experimental identification, and numerical study[J]. Metallurgical and Materials Transactions A, 2005, 36(6): 1525-1535.

[34] Michel J C, Suquet P. The constitutive law of nonlinear viscous and porous materials[J]. Journal of the Mechanics and Physics of Solids, 1992, 40(4): 783-812.

[35] Lewis R W, Morgan K, Thomas H R, et al. The Finite Element Method in Heat Transfer Analysis[M]. New York: John Wiley & Sons, 1996.

[36] Li C, Thomas B G. Thermo-mechanical finite element model of shell behavior in continuous

casting of steel[J]. Metallurgical and Materials Transactions B, 2004, 35(6): 1151-1172.

[37] Anand L. Constitutive equations for the rate-dependent deformation of metals at elevated temperatures[J]. Journal of Engineering Materials and Technology, 1982, 104(1): 12-17.

[38] Boehmer J R, Funk G, Jordan M, et al. Strategies for coupled analysis of thermal strain history during continuous solidification processes[J]. Advances in Engineering Software, 1998, 29(7): 679-697.

[39] 林柏年. 铸造流变学[M]. 哈尔滨: 哈尔滨工业大学出版社, 1991.

[40] 陈家祥. 连续铸钢手册[M]. 北京: 冶金工业出版社, 1991.

[41] Segal V M, Reznikov V I, Drobyshevskiy A E, et al. Plastic metal working by simple shear[J]. Russian Metallurgy, 1981, 1: 115-123.

[42] Valiev R Z, Krasilnikov N A, Tsenev N K. Plastic deformation of alloys with submicron-grained structure[J]. Materials Science and Engineering A, 1991, 137: 35-40.

[43] Wang Z C, Prangnell P B. Microstructure refinement and mechanical properties of severely deformed Al-Mg-Li alloys[J]. Materials Science and Engineering A, 2002, 328(1-2): 87-97.

[44] Huang W H, Chang L, Kao P W, et al. Effect of die angle on the deformation texture of copper processed by equal channel angular extrusion[J]. Materials Science and Engineering A, 2001, 307(1): 113-118.

[45] Nguyen T G, Favier D, Suery M. Theoretical and experimental study of the isothermal mechanical behaviour of alloys in the semi-solid state[J]. International Journal of Plasticity, 1994, 10(6): 663-693.

[46] Nguyen T G, Favier D, Suery M. Theoretical and experimental study of the isothermal mechanical behaviour of alloys in the semi-solid state[J]. International Journal of Plasticity, 1994, 10(6): 663-693.

[47] Abouaf M, Chenot J L. Modelisation numdrique de la deformationd chaud de poudres mdtalliques[J]. Journal de Mdcanique Theorique et Appliqué, 1986, 5(1): 121-140.

[48] Urcola J J, Sellars C M. Effect of changing strain rate on stress-strain behaviour during high temperature deformation[J]. Acta Metallurgica, 1987, 35(11): 2637-2647.

[49] Maaloe S, Scheie Å. The permeability-controlled accumulation of primary magma in a planetary mantle[J]. Physics of The Earth and Planetary Interiors, 1982, 29(3-4): 344-353.

[50] 石奇多, 杨晓光. 黏塑性本构理论及其应用[M]. 北京: 国防工业出版社, 2013.

[51] Yin J. Review of elastic visco-plastic modeling of the time-dependent stress-strain behavior of soils and its extensions and applications[J]. Constitutive Modeling of Geomaterials, 2013, 15(5): 149-157.

[52] Wang X C, Habraken A M. An elastic-visco-plastic damage model: From theory to application[J]. Le Journal de Physique IV, 1996, 6(C6): C6-C549.

[53] 罗迎社. 金属流变成形的理论、实验与应用研究[D]. 长沙: 国防科技大学, 2000.

[54] 贾乃文. 黏塑性力学及工程应用[M]. 北京: 地震出版社, 2000.

[55] Luo Y S, Dohda K, Wang Z. Experimental solution for viscosity coefficient of solid alloy

material[J]. International Journal of Applied Mechanics and Engineering, 2003, 8: 271-276.

[56] Cleveland R M, Ghosh A K. Inelastic effects on springback in metals[J]. International Journal of Plasticity, 2002, 18(5): 769-785.

[57] Luo L, Ghosh A K. Elastic and inelastic recovery after plastic deformation of DQSK steel sheet[J]. Journal of Engineering Materials and Technology, 2003, 125(3): 237-246.

[58] Yang M, Akiyama Y, Sasaki T. Microscopic evaluation of change in springback characteristics due to plastic deformation[C]. AIP, 2004, 712(1): 881-886.

[59] Qin X, Michaleris P. Themo-elasto-viscoplastic modelling of friction stir welding[J]. Science and Technology of Welding and Joining, 2009, 14(7): 640-649.

[60] Brown S B, Kim K H, Anand L. An internal variable constitutive model for hot working of metals[J]. International Journal of Plasticity, 1989, 5(2): 95-130.

[61] Meyers M A, Chawla K K. Mechanical Behavior of Materials[M]. Cambridge: Cambridge University Press, 2009.

[62] Kowalski B, Sellars C M, Pietrzyk M. Development of a computer code for the interpretation of results of hot plane strain compression tests[J]. ISIJ International, 2000, 40(12): 1230-1236.

[63] Sellars C M, Tegart W M. Relationship between strength and structure in deformation at elevated temperatures[J]. Memoires Scientifiques de la Revue de Metallurgie, 1966, 63(9).

[64] Sellars C M. Basics of modelling for control of microstructure in thermomechanical controlled processing[J]. Ironmaking & Steelmaking, 1995, 22(6): 459-464.

[65] Hadasik E, Kuziak R, Kawalla R, et al. Rheological model for simulation of hot rolling of new generation steel strips for automotive applications[J]. Steel Research International, 2006, 77(12): 927-933.

[66] Skorohod V V. Rheological basis of the theory of sintering[J]. Naukova Dumka Kiev, 1972, doi: 10.1111/j.1151-2916.1998.tb02768.x.

附录 A 本构理论的基础知识

A.1 张   量

A.1.1 角标符号

张量的描述需要一组具有 n 个分量的变量，同一变量的各个分量由相同的字母表示，并带有上标或者下标符号(在笛卡儿坐标系中只采用下标)用以区别一组变量中的不同分量，如 $x_1, x_2, \cdots, x_n$ 记为 $x_i(i=1,2,\cdots,n)$ 。

上标与下标符号统称指标。张量记法中使用此方法可简洁明了地表述一些复杂变量，例如，一点的位置坐标(x, y, z)可简化为由一组变量描述的 x_i ，其中 $i=1,2,3$ 。同样，一点的应力分量与应变分量可分别由 $\sigma_{ij}(i, j=1,2,3)$、$e_{ij}(i, j=1,2,3)$ 表示。

1. 爱因斯坦求和约定

在表达式的某一项中，若有某个角标先后出现两次的现象，则意味着将该角标在其取值范围内求和。这个重复出现的角标称为哑标，可以代替求和符号成为一种约定的求和标志；没有重复出现的角标称为自由角标，可以表示该项中的任意分量。例如，

$$a_i s_i (i=1,2,3) = a_1 s_1 + a_2 s_2 + a_3 s_3 = \sum_{i=1}^{3} a_i s_i$$

式中，下角标字母 i 可以表示明确的取值范围，只有字母角标能够使用爱因斯坦求和约定。数字角标因其表达特定的值，爱因斯坦求和约定对其不适用。

2. 克罗内克符号与 e_{ijk} 符号

克罗内克(Kronecker)符号 δ_{ij} 的定义是：若有 $\delta_{ij} \begin{cases} 1, i=j \\ 0, i \neq j \end{cases}$ ，i, j=1, 2, 3，则将其看为一个三维单位矩阵：

$$\boldsymbol{\delta} = [\delta_{ij}] = \begin{bmatrix} \delta_{11} & \delta_{12} & \delta_{13} \\ \delta_{21} & \delta_{22} & \delta_{23} \\ \delta_{31} & \delta_{32} & \delta_{33} \end{bmatrix} = \begin{bmatrix} 1 & 0 & 0 \\ 0 & 1 & 0 \\ 0 & 0 & 1 \end{bmatrix}$$

可知 $\delta_{ij} = \delta_{ji}$，即该矩阵具有对称性。

克罗内克符号使用时可作为一个算子及作为一个有用函数使用。e_{ijk} 符号共有 27 个分量，定义为

$$e_{ijk} = \begin{cases} 1, & i, j, k \text{按顺时针方向排列} \\ -1, & i, j, k \text{按逆时针方向排列} \\ 0, & i, j, k \text{中任意两个角标相同} \end{cases}$$

其中，使分量不为零的角标排列组合共有 6 种，这些不为零的分量为

$$e_{123} = e_{231} = e_{312} = 1$$
$$e_{132} = e_{321} = e_{213} = -1$$

其余带有重复角标的分量均为零，所以 e_{ijk} 称为排列符号或置换符号。另外，克罗内克符号 δ_{ij} 与 e_{ijk} 符号之间存在 e-δ 恒等式，即

$$e_{ijk} e_{pqk} = \delta_{ip}\delta_{jq} - \delta_{jp}\delta_{iq}$$

A.1.2　张量运算

1. 相等

若两个张量对应的分量 $\boldsymbol{A} = A_{ij}\boldsymbol{e}_i\boldsymbol{e}_j$ 和 $\boldsymbol{B} = B_{ij}\boldsymbol{e}_i\boldsymbol{e}_j$ 相等，则这两个张量相等，即 $\boldsymbol{A} = \boldsymbol{B}$，$A_{ij} = B_{ij}$。

2. 相加、相减

定义两个同维二阶张量 $\boldsymbol{A} = A_{ij}\boldsymbol{e}_i\boldsymbol{e}_j$、$\boldsymbol{B} = B_{ij}\boldsymbol{e}_i\boldsymbol{e}_j$，使它们相加(或相减)，则运算得到一个新的同维二阶张量，新张量的分量是原张量对应分量的和(或差)，即 $\boldsymbol{A} + \boldsymbol{B} = \boldsymbol{C}$，$A_{ij} \pm B_{ij} = C_{ij}$。只有同阶张量的同类分量才可以相加减。

同时，两个相加(或相减)的张量满足数学加、减运算的交换律，三个及以上相加(或相减)的张量满足加、减运算的结合律，即

$$\boldsymbol{A} + \boldsymbol{B} = \boldsymbol{C}$$
$$(\boldsymbol{A} + \boldsymbol{B}) + \boldsymbol{C} = \boldsymbol{A} + (\boldsymbol{B} + \boldsymbol{C})$$

3. 数积与并积

若一个张量 A_{ij} 与一个标量 α 相乘，则乘积为一个新的同维同阶张量，即 $\alpha A_{ij} = B_{ij}$。

若两个同维张量相乘，则并积得到新同维张量的阶数为原张量的阶数之和(即张量的增阶)，角标的结构不变，即 $A_{ij}B_k = C_{ijk}$。

4. 缩并与内积

两个同维张量在并积运算时，乘积式展开后由于求和约定或维数小于阶数，导致所得新张量的阶数减少，即出现了张量的缩并。

内积为并积与缩并的共同运算，可以用矢量的点乘符号表示。

设二阶张量 $A=A_{ij}e_ie_j$，$B=B_{mn}e_me_n$，则有 $C=A\cdot B=A_{ij}B_{mn}e_i\delta_{jm}e_n= A_{ij}B_{jn}e_ie_n$，$C_{in}=A_{ij}B_{jn}$，即运算中出现了张量阶数的增加(并积)，后执行求和约定出现了阶数的减少(缩并)。

A.1.3 特殊张量

1. 零张量

全部分量为零的张量，记为 $\mathbf{0}$。任何坐标系中零张量的分量均为零，即若 $\mathbf{T}=\mathbf{0}$，则 $T_{ij} = T_{ij}' = 0$。

2. 单位张量

单位张量的运算性质为：单位张量和任意矢量或张量的点积等于该矢量或张量，例如，分量为 δ_{ij} 的二阶张量记为 A，即 $A=\delta_{ij}e_ie_j$，任意矢量为 $b=b_ke_k$，则 A 与 b 的点积为 $A\cdot b=\delta_{ij}e_ie_j\cdot b_ke_k=\delta_{ij}b_ke_ie_je_k=b_ie_i=b$，即 $A\cdot b=b$。

3. 转置张量

若变换张量分量中的角标次序，得到同阶同角标结构的新张量，定义变换为角标置换。二阶张量的置换也称为转置。

若有二阶张量 $B=B_{ij}e_ie_j$，保持基矢量顺序不变且将分量角标对换，所得新张量定义为张量 B 的转置张量，即 $B^{\mathrm{T}}=B_{ji}e_ie_j$。将高阶张量的各角标进行不同对换可得到不同的转置张量。若二阶张量 $B\cdot B^{\mathrm{T}}=B^{\mathrm{T}}\cdot B=A$，则张量 B 为正交张量。

4. 对称张量和反对称张量

若一个张量经过转置所得新张量与原张量相等，则该张量定义为对称张量，表示为 $\boldsymbol{B}^{\mathrm{T}}=\boldsymbol{B}$，$B_{ji}=B_{ij}$。

若一个张量经过转置所得新张量与原张量的负张量相等，则该张量定义为反对称张量，表示为 $\boldsymbol{B}^{\mathrm{T}}=-\boldsymbol{B}$，$B_{ji}=-B_{ij}$。

n 维二阶对称张量有 $n(n+1)/2$ 个独立分量；n 维二阶反对称张量有 $n(n-1)/2$ 个独立分量。由此可知，三维二阶对称张量有 6 个独立分量，三维二阶反对称张量只有 3 个独立分量。任意二阶张量都能够唯一地分解成对称张量和反对称张量的加和。

5. 球形张量和偏斜张量

由任一数 α 与单位张量相乘得到的二阶张量，其主对角分量为 α，其余分量均为零，则该二阶张量定义为球形张量。即 $\boldsymbol{P}=\alpha\boldsymbol{A}$，$P_{ij}=\alpha\delta_{ij}$。若该二阶张量主对角分量和恒为零，则该二阶张量定义为偏斜张量。任意二阶对称张量 $\boldsymbol{S}$ 均可分解为球形张量 $\boldsymbol{P}$ 和偏斜张量 $\boldsymbol{D}$ 的加和，即 $\boldsymbol{S}=\boldsymbol{P}+\boldsymbol{D}$，$S_{ij}=P_{ij}+D_{ij}$。

6. 各向同性张量

全部分量均不因坐标转换而改变的张量定义为各向同性张量。标量不随坐标转换而发生变化，且是零阶张量，故为零阶各向同性张量。另外，置换张量 $\boldsymbol{e}$、球形张量 $\boldsymbol{P}$ 均为各向同性张量。

A.2　金属成形中的相似理论

A.2.1　相似三定理

1. 相似第一定理

相似第一定理是以现象相似为前提，研究彼此相似的现象具有的性质，所以又称相似正定理。相似第一定理可以表述为：彼此相似的现象，其同名相似准则的数值相同。这一结论是根据彼此相似的现象具有的性质得出的。根据物理相似的概念，彼此相似的现象在被对应点上和各对应瞬间的同名物理量分别保持相同的比例，且必然是同一性质的现象，服从同一规律，描述各个量之间的关系的方程组文字上完全相同。

下面研究两个相似的力学现象，它们服从牛顿第二定律：

$$F = m\frac{\mathrm{d}v}{\mathrm{d}t}$$

对于第一现象，有

$$F' = m'\frac{\mathrm{d}v'}{\mathrm{d}t'} \tag{A.1}$$

对于第二现象，有

$$F'' = m''\frac{\mathrm{d}v''}{\mathrm{d}t''} \tag{A.2}$$

因两个现象相似，故各物理量之间有以下关系：

$$F' = m_F F'' , \quad m' = m_m m'' , \quad v' = m_v v'' , \quad t' = m_t t''$$

式中，m_F、m_m、m_v、m_t 分别为力相似常数、质量相似指数、速度相似常数和时间相似常数。

将以上各量代入式(A.1)中得

$$m_F F'' = m_m m''\frac{m_v \mathrm{d}v''}{m_t \mathrm{d}t''}$$

$$\frac{m_F m_t}{m_m m_v} F'' = m''\frac{\mathrm{d}v''}{\mathrm{d}t''}$$

显然，只有当相似常数之间的关系符合

$$C = \frac{m_F m_t}{m_m m_v} = 1$$

时，描述两个现象的方程才能完全一致。

式(A.3)表明，各相似常数不是任意的，而是受一定关系约束。对于相似的现象，有

$$C = \frac{m_F m_t}{m_m m_v} = 1 \tag{A.3}$$

故 C 称为相似指标。

若将式(A.3)中的相似常数用两系统中各量的比代替，则可写为

$$\frac{\dfrac{F'}{F''} \dfrac{t'}{t''}}{\dfrac{m'}{m''} \dfrac{v'}{v''}} = 1$$

也就是

$$\frac{F't'}{m'v'} = \frac{F''t''}{m''v''}$$

如推广到第三个、第四个……相似现象，则有

$$\frac{F't'}{m'v'} = \frac{F''t''}{m''v''} = \frac{F'''t'''}{m'''v'''} = \cdots$$

即在所有相似现象中，被称为相似准数的无量纲综合数群 $\dfrac{Ft}{mv}$ 都等于同一数值，因此可写为

$$\frac{Ft}{mv} = \mathrm{idem}$$

即在所有相似现象中，相似准数的数值相同。

要保持两现象相似，必须使相似准数相等。确定了相似准数，各物理量的相似常数之间的关系也就确定了，选择模型实验中各物理量的比例就有了可遵循的规则。

2. 相似第二定理

相似第二定理是关于物理量之间函数关系结构的定理，它说明应把模型实验结果整理成各物理量之间的关系式，就能推广到其他相似现象中。相似第二定理也称为 π 定理。能正确地反映物理规律的物理方程，应该是一个完全方程，即符合量纲均衡规则的方程。量纲均衡的物理方程是指方程中各项的量纲相同，同名物理量用同一种测量单位，当物理量的测量单位变化时，一个完全方程的文字结构保持不变。

相似第二定理可以表述为：一个包含 n 个物理量 G_1、G_2、$\cdots$、G_n(其中 k 个物理量具有独立量纲)的物理方程可转换为 $m = n - k$ 个由这些物理量组成的无量纲数群(指数幂乘积) π_1、π_2、$\cdots$、π_m 之间的函数关系，即

$$f(G_i) = 0 \Rightarrow \varPhi(\pi_j) = 0, \quad \begin{cases} i = 1,2,\cdots,n \\ j = 1,2,\cdots,m \end{cases}$$

具有独立量纲的物理量，是指该量的纲量式不能表示为其余量的量纲式幂数的结合(乘积)，如长度 L、速度 LT^{-1} 和能量 ML^2T^{-2} 量纲是互相独立的；而长度 L、速度 LT^{-1} 和加速度 LT^{-2} 三者就不是量纲互相独立的，因为

$$[a] = [v]^2[l]^{-1}$$

应对表示其他物理量的具有独立量纲的量进行检验，如各量量纲式中

的指数是线性不相关的(也就是说，这些指数所组成的矩阵的行列式不等于0)，则它们的量纲是互相独立的。

设

$$[G_1] = M^{a_1} L^{b_1} T^{c_1}$$

$$[G_2] = M^{a_2} L^{b_2} T^{c_2}$$

$$[G_3] = M^{a_3} L^{b_3} T^{c_3}$$

如果

$$\Delta = \begin{vmatrix} a_1 & b_1 & c_1 \\ a_2 & b_2 & c_2 \\ a_3 & b_3 & c_3 \end{vmatrix} \neq 0$$

则 G_1、G_2、G_3 是量纲互相独立的物理量。

在上面例子中，长度、速度和能量三者是量纲互相独立的量，而长度、速度和加速度不是量纲互相独立的量，因为：

	M	L	T
长度 L	0	1	0
速度 LT^{-1}	0	1	−1
能量 ML^2T^{-2}	1	2	−2

$$\Delta = -1 \neq 0$$

	M	L	T
长度 L	0	1	0
速度 LT^{-1}	0	1	−1
加速度 LT^{-2}	0	1	−2

$$\Delta = 0$$

π 定理的严格证明较麻烦，这里仅以直现的推理方式进行说明。

假设含有 n 个物理量 G_1、G_2、$\cdots$、G_n 的函数中，k 个物理量($k<n$)具有互相独立的量纲，此函数可写为

$$F(G_1, G_2, \cdots, G_k, G_{k+1}, \cdots, G_n) = 0 \tag{A.4}$$

式中，$G_1, G_2, \cdots, G_k$ 为具有互相独立量纲的物理量，而 $G_{k+1}, G_{k+2}, \cdots, G_n$ 的量

纲可用 $G_1, G_2, \cdots, G_k$ 的量纲表示，即

$$\begin{cases} [G_{k+1}] = [G_1]^{\alpha_1}[G_2]^{\alpha_2}\cdots[G_k]^{\alpha_k} \\ [G_{k+2}] = [G_1]^{\beta_1}[G_2]^{\beta_2}\cdots[G_k]^{\beta_k} \\ \qquad\qquad\vdots \\ [G_n] = [G_1]^{\rho_1}[G_2]^{\rho_2}\cdots[G_k]^{\rho_k} \end{cases} \tag{A.5}$$

式中，$[G_i]$ 表示物理量 G_i 的量纲，各指数 α_1, α_2, $\cdots$, α_k, β_1, β_2, $\cdots$, β_k, ρ_1, ρ_2, $\cdots$, ρ_k 等都是无量纲的数，也可以等于 0。例如，具有独立量纲的量也可以表示为

$$[G_1] = [G_1]^1[G_2]^0\cdots[G_k]^0$$

$$[G_2] = [G_1]^0[G_2]^1\cdots[G_k]^0$$

$$\vdots$$

$$[G_k] = [G_1]^0[G_2]^0\cdots[G_k]^1$$

由式(A.5)可得

$$\frac{[G_{k+1}]}{[G_1]^{\alpha_1}[G_2]^{\alpha_2}\cdots[G_k]^{\alpha_k}} = 1$$

$$\frac{[G_{k+2}]}{[G_1]^{\beta_1}[G_2]^{\beta_2}\cdots[G_k]^{\beta_k}} = 1$$

$$\vdots$$

$$\frac{[G_n]}{[G_1]^{\rho_1}[G_2]^{\rho_2}\cdots[G_k]^{\rho_k}} = 1$$

如果两物理量的量纲之比为 1，则此两物理量之比就是无量纲数。这样式(A.4)中的物理量 $G_{k+1}, G_{k+2}, \cdots, G_n$，都用选出的具有独立量纲的物理量 G_1, $G_2, \cdots, G_k$ 来表示，变成 $n-k$ 个无量纲的数，这些数称为 π 数。

$$\frac{G_{k+1}}{G_1^{\alpha_1}G_2^{\alpha_2}\cdots G_k^{\alpha_k}} = \pi_1$$

$$\frac{G_{k+2}}{G_1^{\beta_1}G_2^{\beta_2}\cdots G_k^{\beta_k}} = \pi_2$$

$$\vdots$$

$$\frac{G_n}{G_1^{\rho_1}G_2^{\rho_2}\cdots G_k^{\rho_k}} = \pi_{n-k}$$

而所选出的具有独立量纲的量 G_1, G_2, $\cdots$, G_k 本身，不仅其量纲之比等于 1，
且其数值之比也等于 1，即不仅

$$\frac{[G_1]}{[G_1]^1[G_2]^0\cdots[G_k]^0}=1$$

$$\vdots$$

$$\frac{[G_k]}{[G_1]^0[G_2]^0\cdots[G_k]^1}=1$$

且

$$\frac{G_1}{G_1^{\,1}G_2^{\,0}\cdots G_k^{\,0}}=1$$

$$\vdots$$

$$\frac{G_k}{G_1^{\,0}G_2^{\,0}\cdots G_k^{\,1}}=1$$

经过以上转换，式(A.4)可写为

$$\phi\left(\underbrace{1,\quad 1,\quad \cdots,\quad 1,}_{k\text{项}}\quad \pi_1,\quad \pi_2,\quad \pi_{n-k}\right)=0$$

或

$$\phi\left(\pi_1,\quad \pi_2,\quad \cdots,\quad \pi_{n-k}\right)=0$$

以上直观地说明了 π 定理，即方程 $f(G_i)=0$ 可以转变为无量纲准数之间的
函数 $\phi[\pi_j]=0$。

这种关系式称为准数关系式，或准数方程式，式中准数称为 π 项。

当函数中有 l 个物理量 x_1, x_2, $\cdots$, x_l 全为无量纲参数(如摩擦系数、应变
ε、以弧度计的角度 ψ 等)时，以上准数方程可表示为

$$\phi(\pi_1,\pi_2,\cdots,\pi_{n-k},x_1,x_2,\cdots,x_l)=0$$

前面介绍过，一个完全物理方程的文字结构不随量度单位的选择而
变，但各物理量的数值却随单位的选择而变。在准数方程式中各项都是无
量纲 π 数，故其数值也不随单位的选择而变。

因为对于所有彼此相似的现象，相似准数都保持相同的数值，它们的
准数关系式也应是相同的。如果把某现象的实验结果整理成准数关系式，
那么得到的准数关系式就可推广到其他相似的现象中。除此之外，准数关

系式是由一个多元的物理函数关系转化而来的少元的具有无量纲 π 项的准数关系式，它可使实验次数大为减少，大大简化实验过程。

3. 相似第三定理

相似第三定理是说明满足什么条件现象才相似，即研究相似条件，也就是在物理模拟中必须遵守的条件。相似第三定理也称为相似逆定理。

相似第三定理可以表述为：凡同一类现象，当单值条件相似，且由单值条件中物理量所组成的相似准数在数值上相等时，则现象必定相似。

单值条件是将一个个别现象从同类现象中区分出来，即将现象群的通解(由分析代表该现象群的微分方程或方程组得到)转变为特解的具体条件。单值条件包括几何条件、物理条件、起始条件和边界条件等。

(1) 几何条件。所有具体现象都发生在一定的几何空间内，因此参与过程的物体的几何形状和大小，是应给出的单值条件。

(2) 物理条件。所有具体现象，都由具有一定的物理性质的介质参加进行，因此参与过程的介质的物理性质也是单值条件。

(3) 起始条件。每个过程的发展都直接受起始状态的影响，例如，过程开始时刻的物理性质、压力、速度、温度等在整个系统的分布将直接影响以后过程的进行，因此起始条件也属单值条件。对于稳定过程，则不存在此条件。

(4) 边界条件。所有具体现象都必将受到与其直接相邻的周围情况的影响，因此发生在边界的情况，也是单值条件。

在研究一个问题时，究竟单位条件是什么，则必须对具体问题进行具体分析。

单值条件中的物理量称为"定性量"，由单值条件中物理量组成的相似准数，称为"定性准数"，而包含被决定量的相似准数称为"非定性准数"。有人把定性准数称为"相似判据"，而一般文献中，则对"准数"与"判据"这两个名词的使用不加区别。

相似第三定理明确地规定了两个现象相似的必要和充分条件。当考察一个新现象时，只要肯定了它的单值条件和已研究过的现象相似，且由单值条件所组成的相似准数的值和已研究过的现象相等，就可以肯定这两个现象相似。因此，可以把已经研究过的现象的实验结果应用到这一种现象中，而不需要对这一新的现象再重复那些实验。

A.2.2 金属塑性加工过程中的相似条件

1. 塑性静力相似

在考虑塑性静力相似时，假设惯性力可以忽略，弹性应交与塑性应变相比很小，也可忽略。此时塑性理论的基本方程如下。

表示平衡条件的三个方程为

$$\frac{\partial \sigma_{ij}}{\partial \chi_i} = 0 \tag{A.6}$$

$$\frac{\partial \overline{\sigma}_{ij}}{\partial \overline{\chi}_i} = 0 \tag{A.7}$$

表示屈服条件的方程为

$$S_{ij} \cdot S_{ij} = \frac{2}{3} k_f^2 \tag{A.8}$$

$$\overline{S}_{ij} \cdot \overline{S}_{ij} = \frac{2}{3} \overline{k}_f^2 \tag{A.9}$$

表示应力-应变关系的方程为

$$\dot{\varepsilon}_{ij} = \dot{\lambda}_{ij} \cdot S_{ij} \tag{A.10}$$

$$\overline{\dot{\varepsilon}}_{ij} = \overline{\dot{\lambda}}_p \cdot \overline{S}_{ij} \tag{A.11}$$

将几何相似常数 $m_l = l / \overline{l}$、力相似常数 $m_F = F / \overline{F}$ 和时间相似常数 $m_t = t / \overline{t}$ 作为基本相似常数，则应力和应变率的相似常数为

$$\frac{\sigma_{ij}}{\overline{\sigma}_{ij}} = \frac{m_F}{m_l^2}$$

$$\frac{S_{ij}}{\overline{S}_{ij}} = \frac{m_F}{m_l^2}$$

$$\frac{\dot{\varepsilon}_{ij}}{\overline{\dot{\varepsilon}}_{ij}} = \frac{1}{m_t}$$

$$\frac{\dot{\lambda}_{ij}}{\overline{\dot{\lambda}}_{ij}} = \frac{\overline{k}_f}{k_f} \frac{1}{m_t}$$

将以上相似常数代入式(A.6)、式(A.8)及式(A.10)，并将所得结果与式(A.7)、式(A.9)、式(A.11)比较，则由式(A.6)，有

$$\frac{\partial\left(\dfrac{m_F}{m_l^2}\cdot\bar{\sigma}_{ij}\right)}{\partial\left(m_l\cdot\bar{\chi}_i\right)}=0\Rightarrow\frac{m_F}{m_l^3}\frac{\partial\bar{\sigma}_{ij}}{\partial\bar{\chi}_i}=0 \tag{A.12}$$

根据式(A.9)，$\dfrac{\partial\bar{\sigma}_{ij}}{\partial\bar{\chi}_i}=0$，故 $\dfrac{m_F}{m_l^3}$ 可为任意值。

而由方程(A.8)，有

$$\frac{m_F^2}{m_l^4}\bar{S}_{ij}\bar{S}_{ij}=\frac{2}{3}\bar{k}_f^2\frac{k_f^2}{\bar{k}_f^2}\Rightarrow m_F=\frac{k_f}{\bar{k}_f}m_l^2 \tag{A.13}$$

由方程(A.10)，有

$$\frac{1}{m_t}\bar{\dot{\varepsilon}}_{ij}=\frac{\bar{k}_f}{k_f}\frac{1}{m_t}\bar{\dot{\lambda}}_p\frac{m_F}{m_l^2}\bar{S}_{ij}\Rightarrow m_F=\frac{k_f}{\bar{k}_f}m_l^2 \tag{A.14}$$

式(A.12)～式(A.14)说明，当仅考虑平衡条件时，力相似常数可任意选择。若考虑到屈服条件及应力-应变关系，则力相似常数就不能任意选择，而必须满足

$$m_F=\frac{k_f}{\bar{k}_f}\cdot m_l^2$$

这一方程表示了塑性静力相似的模型定律。

由模型定律可导出相似准数：将 $\dfrac{F}{\bar{F}}=m_F$，$\dfrac{l}{\bar{l}}=m_l$ 代入上式，则

$$\frac{F}{\bar{F}}=\frac{k_f}{\bar{k}_f}\frac{l^2}{\bar{l}^2}\Rightarrow\frac{F}{k_f l^2}=\frac{\bar{F}}{\bar{k}_f\bar{l}^2}=\mathrm{idem}$$

即当塑性静力相似时，原型与模型的无量纲数群 $F/(k_f l^2)$ 与 $\bar{F}/(\bar{k}_f\bar{l}^2)$ 相等，这就是塑性静力相似准数。若将 l^2 以特征面积 A 代之，k_f 以平均屈服应力 k_{fm} 代之，则塑性静力相似准数可表示为

$$\pi=K_p=\frac{F}{k_{fm}A} \tag{A.15}$$

2. 动力相似

当惯性力起重要作用时，如爆炸成形的情况，则平衡方程应为

$$\frac{\partial\sigma_{ij}}{\partial\chi_i}=\rho\frac{\mathrm{d}v_i}{\mathrm{d}t},\quad\frac{\partial\bar{\sigma}_{ij}}{\partial\bar{\chi}_i}=\bar{\rho}\frac{\mathrm{d}\bar{v}_i}{\mathrm{d}\bar{t}} \tag{A.16}$$

式中，ρ 为材料的密度。

由前面已知，$v_i = \dfrac{m_l}{m_t} \bar{v}_1$，代入式(A.16)得

$$\frac{m_F}{m_l^2} \frac{1}{m_l} \frac{\partial \bar{\sigma}_{ij}}{\partial \bar{\chi}_j} = \frac{\rho}{\bar{\rho}} \frac{m_l}{m_t} \frac{1}{m_t} \frac{1}{\bar{\rho}} \frac{d\bar{v}_i}{d\bar{t}} \Rightarrow \frac{m_F}{m_l^3} = \frac{\rho}{\bar{\rho}} \frac{m_l}{m_t^2}$$

或动力相似的模型定律：

$$m_F = \frac{\rho}{\bar{\rho}} \frac{m_l^4}{m_t^2} \tag{A.17}$$

相应的相似准数为

$$\pi = Ne = \frac{Ft^2}{\rho A^2} = \frac{F}{\rho A v^2} \tag{A.18}$$

3. 摩擦相似

前面已提到，两个物理过程的相似要求边界条件相似。这里摩擦是重要的边界条件，如按库仑摩擦定律考虑，即

$$\tau = \mu p, \quad \bar{\tau} = \bar{\mu} \bar{p}$$

则可得出

$$\frac{m_F}{m_l^2} \bar{\tau} = \frac{\mu}{\bar{\mu}} \frac{m_F}{m_l^2} \bar{\mu} \bar{p} \Rightarrow \frac{m_F}{m_l^2} = \frac{\mu}{\bar{\mu}} \frac{m_F}{m_l^2} \tag{A.19}$$

即

$$\mu = \bar{\mu} \tag{A.20}$$

热加工时，工件的屈服应力以及变形后的组织性能都与工件的温度密切相关。因此，模拟热加工时，必须考虑热相似。为此，一方面要考虑工件通过传导和辐射向周围散热而使温度下降(对流的作用较前二者很小，可以忽略不计)，另一方面要考虑变形功转变为热，而使温度升高。

4. 热传导相似

热传导的微分方程为

$$\frac{\partial T}{\partial t} = \alpha \left(\frac{\partial^2 T}{\partial x^2} + \frac{\partial^2 T}{\partial y^2} + \frac{\partial^2 T}{\partial z^2} \right) \tag{A.21}$$

式中，T 为热力学温度；t 为时间；α 为导温系数，$\alpha = \dfrac{\lambda_w}{c\rho}$，$\lambda_w$ 为导热系

数，c 为比热容，ρ 为密度。

代入温度相似常数 $m_\theta = \dfrac{T}{\overline{T}}$，则式(A.21)可以写为

$$\frac{m_\theta}{m_t}\frac{\partial \overline{T}}{\partial \overline{t}} = \frac{\alpha}{\overline{\alpha}}\frac{m_\theta}{m_l^2}\alpha\left(\frac{\partial^2 \overline{T}}{\partial \overline{x}^2}+\frac{\partial^2 \overline{T}}{\partial \overline{y}^2}+\frac{\partial^2 \overline{T}}{\partial \overline{z}^2}\right)$$

由此得到模型定律：

$$m_t = m_l^2\frac{\overline{\alpha}}{\alpha} \tag{A.22}$$

和相似准数

$$\pi = F_0 = \frac{A}{t\alpha} \tag{A.23}$$

5. 热相似辐射

在单位时间内通过辐射散出的热量为

$$\frac{\mathrm{d}Q}{\mathrm{d}t} = A_1 C_{1,2}\left[\left(\frac{T_1}{100}\right)^4 - \left(\frac{T_2}{100}\right)^4\right] \tag{A.24}$$

式中，A_1 为辐射热量的表面；T_1 为辐射表面的热力学温度；T_2 为环境的热力学温度；$C_{1,2}$ 为辐射系数。

又知 $\mathrm{d}Q = -Gc\mathrm{d}T_m = -V\rho c\mathrm{d}T_m$，其中 T_m 为工件整体的平均热力学温度，故式(A.24)可以写为

$$V\rho c\frac{\mathrm{d}T_m}{\mathrm{d}t} = -A_1 C_{1,2}\left[\left(\frac{T_1}{100}\right)^4 - \left(\frac{T_2}{100}\right)^4\right] \tag{A.25}$$

用与以前相同的方法，可以导出模型定律：

$$m_t = \frac{m_l\rho c\overline{C}_{1,2}}{m_\theta^8\overline{\rho c}C_{1,2}} \tag{A.26a}$$

或

$$m_t = \frac{m_l\alpha\lambda_w\overline{C}_{1,2}}{m_\theta^3\overline{\alpha}\overline{\lambda}_w C_{1,2}} \tag{A.26b}$$

相似准数为

$$\pi = \frac{l\lambda_w}{t\Delta T^3\alpha C_{1,2}} \tag{A.27}$$

上面得到两个确定 m_t 的公式，即式(A.22)和式(A.26)。如根据式(A.26a)或

式(A.26b)确定 m_t，并选定 $m_0 = 1$(这样实验方便)。当模型与原型材料相同时(即 $\bar{\alpha} = \alpha$，$\bar{\lambda}_w = \lambda_w$，$\bar{C}_{1,2} = C_{1,2}$，$\bar{\rho} = \rho$，$\bar{c} = c$)，则 $m_t = m_l$。这与式(A.22)矛盾。

为了既满足传导的相似，又满足辐射的相似，就必须同时满足式(A.22)及式(A.26)。现将式(A.22)代入式(A.26b)并解之，得

$$m_\theta = \sqrt[3]{\frac{1}{m_l} \frac{\lambda_w}{\bar{\lambda}_w} \frac{\bar{C}_{1,2}}{C_{1,2}}} \qquad (A.28)$$

若 $\bar{\lambda}_w = \lambda_w$，$\bar{C}_{1,2} = C_{1,2}$，$\bar{\alpha} = \alpha$，则 $m_\theta = \dfrac{1}{\sqrt[3]{m_l}}$。即如果 $m_l = 8$，则 $m_\theta = \dfrac{1}{2}$，$m_t = 64$。这意味着对一个缩小为1/8的模型，其温度应为原型的2倍，而时间应用原型的1/64这在模拟中是难以实现的。

6. 由变形功引起的温度升高相似

假设总变形功全部转变为热，则由变形功引起的温度升高为

$$\Delta T = \frac{W}{\rho c} = \frac{Fs}{V\rho c} \qquad (A.29)$$

式中，W 为单位体积的变形功；ρ 为密度；c 为比热容。

模型定律为

$$m_\theta = \frac{\Delta T}{\Delta \bar{T}} = \frac{\dfrac{Fs}{V\rho c}}{\dfrac{\bar{F}\bar{s}}{\bar{V}\bar{\rho}\bar{c}}} = \frac{m_F}{m_l^2} \frac{\bar{\rho}}{\rho} \frac{\bar{c}}{c} \qquad (A.30a)$$

当模型与原型材料相同时(设 $\rho = \bar{\rho}, c = \bar{c}$)，则

$$m_\theta = \frac{m_F}{m_l^2} \qquad (A.30b)$$

当塑性静力相似时($m_F = m_l^2$)，$m_\theta = 1$，即 $\Delta \bar{T} = \Delta T$。相似准数为

$$\pi = \frac{F}{A\Delta T \rho c} \qquad (A.31)$$

A.3 守恒定律

为了确定物体处于变形、运动、应力等状态中，即物体在外载荷作用

下的反应，需要建立连续介质状态变量之间的关系。守恒定律就属于这种关系，适用于所有的连续介质的普遍规律，包括质量守恒、动量守恒、动量矩守恒、能量守恒和熵不等式。

守恒定律可以采用物质描述法和空间描述法，守恒定律是对物体的整体成立且以整个物体的积分形式给出的。例如，动量守恒定律给出了物体的总动量的时间变率与作用在物体上的总外力之间的关系。但在通常情况下，可以假设守恒定律对于物体的任一微小部分成立，即局部化建设。

A.3.1　质量守恒定律

质量是反映物体惯性的物理量，任意一个物质域的质量可表示为

$$m(t) = \int_{\Omega(t)} \rho(\boldsymbol{x},t)\mathrm{d}\Omega_t = 0 \tag{A.32}$$

假定没有物质通过边界流入或流出此物质域(即所考虑的物质系统不是开放系统)，并且不考虑质量到能量的转换，则质量守恒要求任一物质域的质量是常量，称为质量守恒定律，或质量守恒原理。据此有

$$\frac{\mathrm{d}m(t)}{\mathrm{d}t} = \frac{\mathrm{d}}{\mathrm{d}t} \int_{\Omega(t)} \rho(\boldsymbol{x},t)\,\mathrm{d}\Omega_t = 0 \tag{A.33}$$

根据雷诺运输定理，有

$$\frac{\mathrm{d}m(t)}{\mathrm{d}t} = \frac{\mathrm{d}}{\mathrm{d}t} \int_{\Omega(t)} \rho(\boldsymbol{x},t)\mathrm{d}\Omega_t = \int_{\Omega(t)} \left(\frac{\mathrm{d}\rho(\boldsymbol{x},t)}{\mathrm{d}t} + \rho\nabla \cdot v \right)\mathrm{d}\Omega_t = 0 \tag{A.34}$$

由于式(A.33)对任意的一个物质域成立，令 Ω_t 的体积 $\mathrm{vol}(\Omega_t)$ 趋近于零并利用被积函数的连续性(这里假定 v 具有所需要的光滑性)，则有

$$\frac{\mathrm{d}\rho}{\mathrm{d}t} + \rho\nabla \cdot v = 0 \quad \text{或} \quad \frac{\mathrm{d}\rho}{\mathrm{d}t} + \rho v_{i,i} = 0 \tag{A.35}$$

式(A.35)即质量守恒方程或连续方程。式(A.34)和式(A.35)分别为质量守恒定律的总体(积分)和局部(微分)形式。

对任一物质微元在初始和当前时刻有 $\rho_0\mathrm{d}\Omega_0 = \rho\mathrm{d}\Omega$ ，当材料不可压缩时 $\mathrm{vol}(\Omega_0) = \mathrm{vol}(\Omega_t)$ ， $\Omega_0 = \Omega$ ，则 $\rho \equiv \rho_0$ 以及

$$\frac{\mathrm{d}\rho}{\mathrm{d}t} = 0$$

在此(材料不可压缩)条件下，质量守恒方程成为

$$\nabla \cdot \boldsymbol{v} = 0 \quad \text{或} \quad v_{i,i} = 0$$

参考物质坐标描述，质量守恒方程(A.33)可以表示为

$$\int_{\Omega_0} \rho_0 \mathrm{d}\Omega_0 = \int_{\Omega(t)} \rho(\boldsymbol{x},t)\mathrm{d}\Omega_t$$

又因为

$$\mathrm{d}V = J\mathrm{d}V_0$$

则有

$$\int_{\Omega_0} (\rho J - \rho_0)\mathrm{d}\Omega_0 = 0$$

以及

$$\rho(\boldsymbol{x},t)J(\boldsymbol{x},t) - \rho_0(\boldsymbol{x}) = 0$$

参考空间坐标描述，质量守恒方程或称连续方程(A.35)可以表示为

$$\frac{\mathrm{d}\rho}{\mathrm{d}t} + \rho v_{i,i} = \frac{\partial \rho}{\partial t} + v_i \frac{\partial \rho}{\partial x_i} + \rho v_{i,i} = \frac{\partial \rho}{\partial t} + \frac{\partial(\rho v_i)}{\partial x_i} = 0 \tag{A.36}$$

A.3.2　动量守恒定理

动量守恒定理等价于描写运动方程的牛顿第二定律。考虑一个以 Γ 为边界的物质域 Ω，其上受到的集度为 $\rho\boldsymbol{b}$ 的体积力和集度为 $\boldsymbol{t}$ 的表面力的作用，则作用于物质域 Ω 上的所有外力的合力 $\boldsymbol{f}(t)$ 可以表示为

$$\boldsymbol{f}(t) = \int_{\Omega(t)} \rho\boldsymbol{b}(\boldsymbol{x},t)\mathrm{d}\Omega_t + \int_{\Gamma(t)} \boldsymbol{t}(\boldsymbol{x},t)\mathrm{d}\Gamma_t \tag{A.37}$$

而所考虑物质系统的总线动量 $\boldsymbol{p}(t)$ 为

$$\boldsymbol{p}(t) = \int_{\Omega(t)} \rho(\boldsymbol{x},t)\boldsymbol{v}(\boldsymbol{x},t)\mathrm{d}\Omega_t \tag{A.38}$$

式(A.38)中的 $\boldsymbol{v}(\boldsymbol{x},t)$ 为速度场的空间表示。

对于连续体，牛顿第二定律即动量守恒原理具有如下形式：所考虑物质系统的总线动量的物质时间导数等于当前瞬时作用于此物质系统上所有外力的合力，即

$$\frac{\mathrm{d}\boldsymbol{p}(t)}{\mathrm{d}t} = \boldsymbol{f}(t)$$

$$\Rightarrow \frac{\mathrm{d}}{\mathrm{d}t} \int_{\Omega(t)} \rho(\boldsymbol{x},t)\boldsymbol{v}(\boldsymbol{x},t)\mathrm{d}\Omega_t = \int_{\Omega(t)} \rho\boldsymbol{b}(\boldsymbol{x},t)\mathrm{d}\Omega_t + \int_{\Gamma(t)} \boldsymbol{t}(\boldsymbol{x},t)\mathrm{d}\Gamma_t \tag{A.39}$$

对向量 $\rho\boldsymbol{v}$ 应用雷诺运输定理，可得

$$\frac{\mathrm{d}}{\mathrm{d}t}\int_{\Omega(t)}\rho(\boldsymbol{x},t)\boldsymbol{v}(\boldsymbol{x},t)\mathrm{d}\Omega_t$$

$$=\int_{\Omega(t)}\left(\frac{\mathrm{d}(\rho\boldsymbol{v})}{\mathrm{d}t}+\rho\boldsymbol{v}\nabla\cdot\boldsymbol{v}\right)\mathrm{d}\Omega_t=\int_{\Omega(t)}\left[\rho\frac{\mathrm{d}\boldsymbol{v}}{\mathrm{d}t}+\boldsymbol{v}\cdot\left(\frac{\mathrm{d}\rho}{\mathrm{d}t}+\rho\nabla\cdot\boldsymbol{v}\right)\right]\mathrm{d}\Omega_t \quad\quad (A.40)$$

注意到 $\dfrac{\mathrm{d}\rho}{\mathrm{d}t}+\rho\nabla\cdot\boldsymbol{v}=0$ ，式(A.40)可以约化为

$$\frac{\mathrm{d}}{\mathrm{d}t}\int_{\Omega(t)}\rho(\boldsymbol{x},t)\boldsymbol{v}(\boldsymbol{x},t)\mathrm{d}\Omega_t=\int_{\Omega(t)}\rho(\boldsymbol{x},t)\frac{\mathrm{d}\boldsymbol{v}(\boldsymbol{x},t)}{\mathrm{d}t}\mathrm{d}\Omega_t \quad\quad (A.41)$$

注意到 $\boldsymbol{t}=\boldsymbol{\sigma}\cdot\boldsymbol{n}$ ，则

$$\int_{\Gamma(t)}\boldsymbol{t}(\boldsymbol{x},t)\mathrm{d}\Gamma_t=\int_{\Gamma(t)}\boldsymbol{\sigma}(\boldsymbol{x},t)\cdot\boldsymbol{n}(\boldsymbol{x},t)\mathrm{d}\Gamma_t \quad\quad (A.42)$$

由散度定理，式(A.42)右端项可以变换为

$$\int_{\Gamma(t)}\sigma_{ij}n_j\mathrm{d}\Gamma_t=\int_{\Omega(t)}\frac{\partial\sigma_{ij}}{\partial x_j}\mathrm{d}\Omega_t,\quad i=1,2,3 \quad\quad (A.43)$$

根据式(A.43)并注意到 $\boldsymbol{\sigma}=\sigma_{jk}\boldsymbol{e}_j\otimes\boldsymbol{e}_k$ 以及 $\nabla=\dfrac{\partial\boldsymbol{e}_i}{\partial x_i}$ ，则有

$$\int_{\Gamma(t)}\boldsymbol{\sigma}(\boldsymbol{x},t)\cdot\boldsymbol{n}(\boldsymbol{x},t)\mathrm{d}\Gamma_t=\int_{\Omega(t)}\nabla\cdot\boldsymbol{\sigma}\mathrm{d}\Omega_t \quad\quad (A.44)$$

综合式(A.39)、式(A.41)以及式(A.44)，最终得到

$$\int_{\Omega(t)}\left(\rho(\boldsymbol{x},t)\frac{\mathrm{d}\boldsymbol{v}(\boldsymbol{x},t)}{\mathrm{d}t}-\rho(\boldsymbol{x},t)\boldsymbol{b}(\boldsymbol{x},t)-\nabla\cdot\boldsymbol{\sigma}(\boldsymbol{x},t)\right)\mathrm{d}\Omega_t=0$$

注意到式(A.39)对任意域 Ω 成立，因此令 Ω_t 的体积 $\mathrm{vol}(\Omega_t)$ 趋近于零并利用被积函数的连续性(这里假定 $\boldsymbol{\sigma}$ 具有所需要的光滑性)，则可得到如下动量守恒方程：

$$\rho\frac{\mathrm{d}\boldsymbol{v}}{\mathrm{d}t}=\nabla\cdot\boldsymbol{\sigma}+\rho\boldsymbol{b} \quad\quad (A.45)$$